BRIDGE

大野美代子 + エムアンドエムデザイン事務所 著
藤塚光政 写真

OHNO Miyoko / M+M Design
Photo: FUJITSUKA Mitsumasa

鹿島出版会

はじめに Foreword

日本の橋梁は、長い間、技術者のみによって設計されてきました。
30 年ほど前、インテリアや家具のデザインをしていた私たちに、そうした技術者のひとりから「人に近いデザイン」をしているチームとして参加を求められ、歩道橋の設計に加わったのが始まりでした。
それから四半世紀、ひと橋一橋ごとに異なる大きさや用途、一方では地形や地域の環境を丁寧に読み取りながら、橋をデザインしてきました。
大きな橋も小さな橋も、橋は単一の職能だけではできません。
発注、設計、施工など、立場も専門分野も異なる多くの技術者との共同作業によってでき上がります。

この本は、歩道橋から高速道路まで、山や川、港、市街地等さまざまな場所に架かる私どものデザインした橋をまとめたもので、写真は写真家の藤塚光政さんによるものです。橋の創りだす新たな風景のなかに、光と影、人の動き、時間を鮮やかに切りとる彼の写真を通して、少しでも多くの方に橋の魅力に触れて頂ければ幸いです。

大野 美代子

For a long time only engineers have generally performed the design of bridges in Japan. About 30 years before, such a engineer ordered us to join the design of a footbridge, because we were so closely to person as designing interior and furniture. Then we designed many bridges while grasping of landform and local environment in different size and use carefully for 25 years more. Even if a bridge is big or small, it could be not made by only professional ability. Bridges are made by collaboration with a client, a consultant, a builder and different engineers.
This book is including of our designing bridges such as footbridge or Highway Bridge, which built over the various places like a mountain, a river, a port, or a city area. And a photographer, Mitsumasa Fujitsuka takes these photographs. We hope that you read this book and will be fascinated the bridges that create a new scene, through his photographs cutting of light and shadow, motion of person and time skillfully.

OHNO Miyoko

BRIDGE 風景をつくる橋

もくじ Contents

BRIDGE

AYUNOSE BRIDGE
鮎の瀬大橋

地形との対話

鮎の瀬大橋 Ayunose Bridge 1999

その地に初めて立ったのは1989年。見通しのきかない山中を抜けると突然、崖の縁に出た。周囲を深い緑に囲まれ、幅300m余、深さ140mもの大地に切り込まれた谷、そのはるか底に清流のきらめくダイナミックな美しい風景に息を呑んだ。この風景を残したい、この感動を伝えたいという気持ちがこの橋のデザインの原点にある。

阿蘇山の南麓を流れる緑川渓谷に架けられた鮎の瀬大橋は、深い谷によって分断された集落をつなぐ生活道路としての重要な役割を担っている。この谷越えに、徒歩で2時間、車で30分程もかかっていた地元民にとっては、まさに待望の橋であった。

一方、この地域一帯は「橋の文化」の地である。通潤橋に代表されるように古くからの石橋が多く残る。そのような背景から、この橋は県の文化運動である〈くまもとアートポリス〉に組み込まれた。建物や橋を子孫に残す文化と捉え、当時のコミッショナーで建築家の磯崎新氏がデザイナーを選んだ。

まず構造材としてコンクリートを選択した。素材の色が自然の豊かな風景に溶け込みやすいからである。特に崖に露出する岩肌には、コンクリートのテクスチャーがよくなじむ。

V字の深い谷の片側には山の迫る岩棚があり、反対側は開けている。そのアンバランスな地形を読み取り、斜張橋とV字形の脚を組み合わせた構造とした。斜張橋のもつ緊張感とシャープなV字脚が鋭く切り立つ谷の厳しい地形に対応し、谷の魅力を引き出す。

橋詰に設けられた大小の広場は、橋の両岸をつなぐとともに、谷の風景を眺め楽しむしつらえだ。駐車場付きの大きめの広場には集落が経営するお茶屋も出現し、地域の人々のたまり場となっている。

1999年の竣工まで、じつに10年にわたる設計からデザインの監理までを、発注者や構造設計者、施工者とのチームワークで完成させた。2002年に土木学会デザイン賞の最優秀賞を受けた際には、地元民とともにチーム全員で喜んだのが忘れられない。

The Ayunose Bridge, built over the Midorigawa Valley at the southern foot of Mt. Aso, serves as the community road for the villages divided by the valley. Local people used to walk for two hours or drive for half an hour to go over the valley. Thus, they long waited for completion of the bridge.

This region has a rich bridge heritage tradition. Many stone bridges from long ago, as represented by Tsuujun-kyo Bridge, remain. With this background, the Ayunose Bridge was designated as a part of Kumamoto Artpolis, a cultural campaign of the prefecture. Assuming buildings and bridges as a part of the culture to be passed on to the next generation, Mr. Arata Isozaki, then-commissioner of the program and architect, appointed the designer of the bridge.

One side of the deep V-shaped valley is a rocky shelf while the other side is wide open terrain. Comprehending this asymmetrical geography, we designed a structure by combining the cable-strayed bridge and V-shaped columns. Both the cable-strayed bridge with its sense of tension and the sharp-edged V-shaped columns are fitting for the steep landscape, enhancing the charm of the valley.

前ページ写真：昔は谷底に降り、流れに架けられた橋を渡って谷を越えていた。できた橋の上から険しい谷を見下ろすと、谷底にこの橋の影が落ちている

タワーは山の高さを、岩棚上のＶ脚は谷の深さを強調して、ダイナミックな地形の持つ力強さにこたえた

くぐり抜けるタワーの内側を曲面でやさしく包み、アウトラインは直線で斜張橋の緊張感を高める

タワーは集落の入口を兼ねる。濃い緑の山々を背景にケーブルのメタリックオレンジが輝く

ケーブルで吊られた水平なラインが、
光を受けて緑を横切る

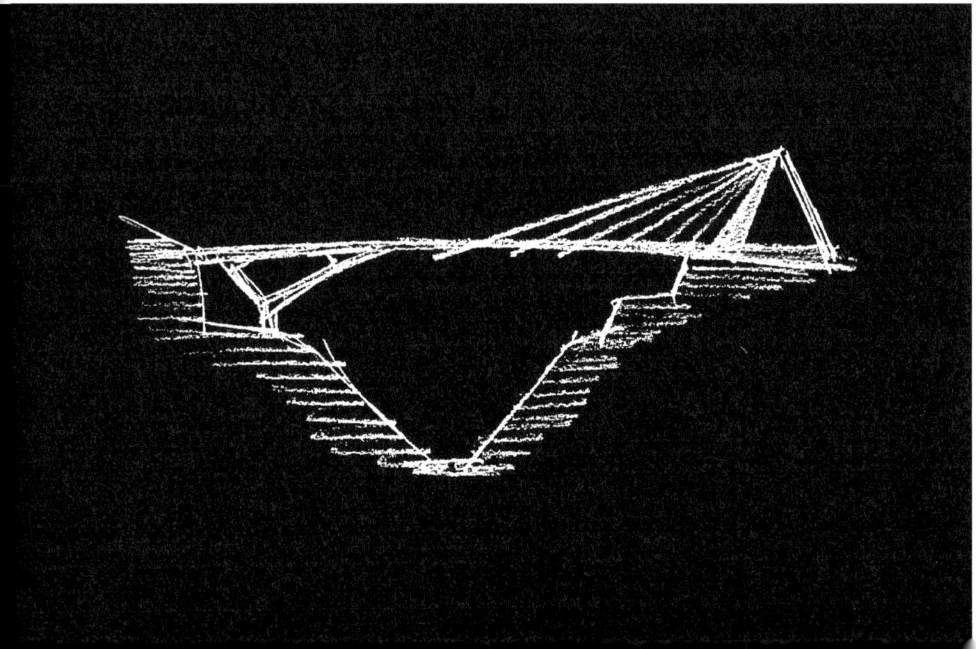

上：ケーブルを桁に止め付ける部分の曲面は、コンクリートの型枠を船大工が製作

下：当初のイメージスケッチ、できればタワーを谷の外に立てられないものかと考えていた

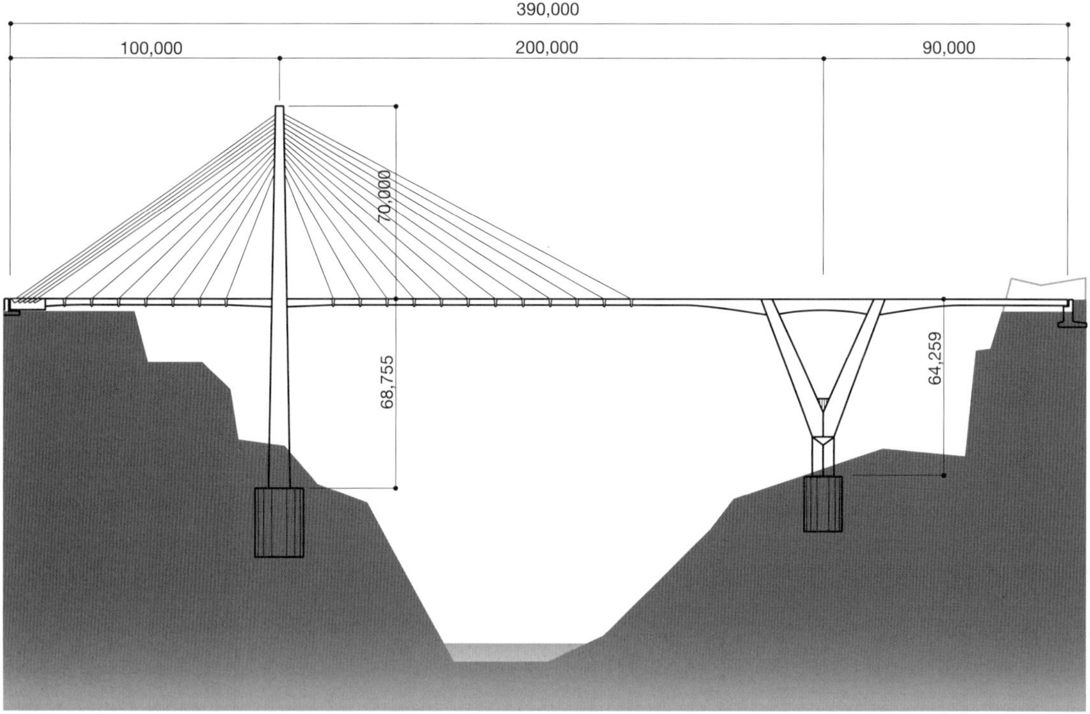

立面図

左岸にタワー、右岸にＶ橋脚を立て、その上に桁を載せる。両方からの桁をつなぐ時には、連結式が執り行われる。橋づくりにとっては大事なステップで、それまでは中間に設けた簡易な吊り橋を、工事に携わる人々が行き来していた

コラム
橋の見かた

橋は、用途や架けられる場所によってずいぶん異なる。まちなかの小さな歩道橋と横浜ベイブリッジを同じ見かたで比べるわけにはいかない。ただ、基本的な知識があると橋を見るのが俄然、面白くなる。

橋は用途によってさまざまな種類に分けられる。最も一般的なのは歩行者と自動車がともに通行できる道路橋、それを歩行者に限る歩道橋、列車が走る鉄道橋など。一方、水を送る水道橋、水路橋なども昔から建設されてきたが、用途による形の制約も大きい。

橋は架けられる場所との関わりが強い。川を渡る、山や谷を越える、港の入口を結ぶ、本州四国連絡橋のような海上を渡る橋もあれば、道路や線路を越える跨道橋、跨線橋と呼ばれる橋もある。都市に高くめぐらされた高速道路などは高架橋といい、橋が連続した形のものである。

橋は地形や建物など、周辺のさまざまな状況に対応しながら、その場所と一体になって新しい橋のある風景をつくり出している。

橋の各部には呼び方がある。架け渡されている部分は「桁」であり、私たちはその上を通行する。桁を中間で支えるのは「橋脚」、両端で支えている部分は「橋台」という。そして橋脚を目立たないように地中で支えている部分は「基礎」である。これらが基本的な骨組みである。

歩行者が橋から落下しないように橋上の両側に立ち上がるのは「高欄」で、一般的には「欄干」といわれてきた。車の転落防止には車両用の強度をもつ「防護柵」があるが、高欄と二重に設置されることも増えた。橋の出入口の両側、高欄の端部に設けられるのは「親柱」で、柱状や壁状のものに橋や川の名前、竣工年月日などを刻んだものが多い。

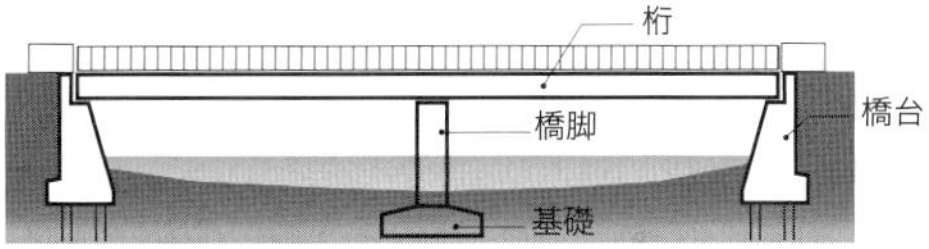

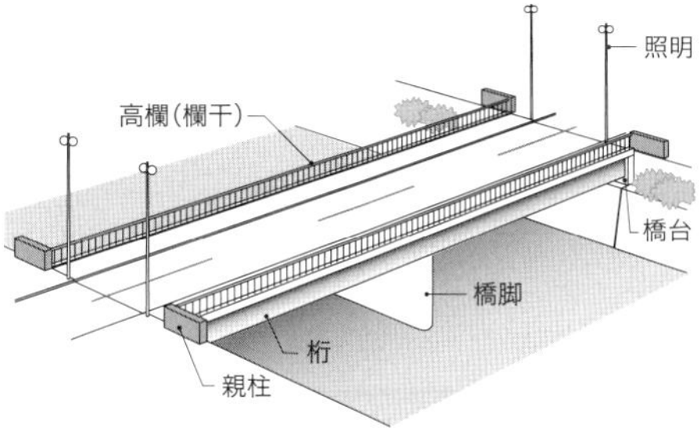

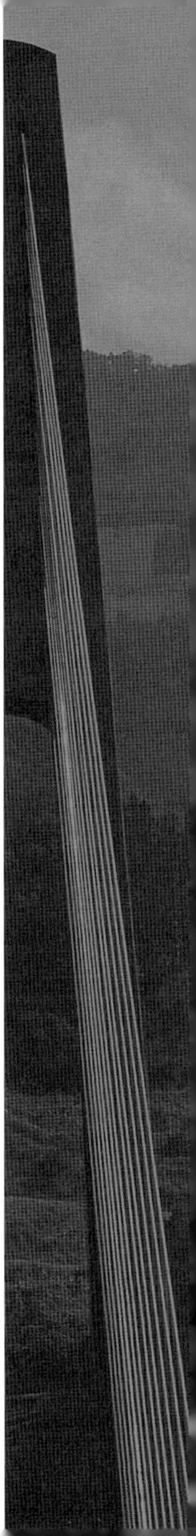

YOKOHAMA BAY BRIDGE
横浜ベイブリッジ

形式と形《かたち》

横浜ベイブリッジ Yokohama Bay Bridge 1989

基本的なデザインを行ったのは1980年。当時、橋のデザインに対する土木界の認識は極めて低く、今から考えると、首都高速道路公団（当時）はそれまでに数橋の実績しかない私たちデザイナーをよくも起用して下さったと思う。しかし、現在のようにすっかり港のシンボルとなり、観光名所と化すとは、誰も想像しなかったに違いない。
15年間の検討の末、高速道路と国道の二層の斜張橋という形式が決まり、橋の長さ860m、タワー2本の間隔、いわゆるスパンが460m、桁下の高さは海面上55m、タワーの高さ172mという巨大な橋の条件が決まった。われわれデザイナーは、これにどのような形（かたち）をつくるかが課せられたのである。
橋は街中から2kmほど離れており、やや遠景からさまざまな角度で全体のシルエットが見える。つまりこの橋はすべての角度から美しく見えなければならない。まずは風景のなかでのスケールをつかむこと、そのうえで多くの図面やスケッチ、模型で試行錯誤しながら、海面から2本のタワーがすっきりと立ち上がるアウトラインの美しい形を目指した。
橋梁本来のもつ力の流れを表現し、機能的で、しかも彫刻的に美しい橋。タワーは直線を活かしたH型とし、その上部と断面を絞って安定感のある自然な形とした。ケーブルは平行でなく扇のように張るファン型で、桁を強く吊り上げるイメージを意図した。桁下を通行する船への圧迫感を和らげるためである。当初提案した、タワーの断面を六角形にするなどのさまざまなディテールは見送られたが、現実にできあがってみると街中から遠景に見えることや、現在のシンプルな形状が周辺の港湾施設のもたらすたくましさとバランスが取れているように見える。そのディテールは長崎の女神大橋（124ページ）に引き継がれている。

A fifteen-year study led to the decision to build a cable-strayed, double-decker bridge for the expressway and the national road. The study also defined the large dimensions of the bridge: length of 860 meters, two 172-meter towers with a span of 460 meters, and 55-meter beams above sea level. We designers were assigned to add ‘shape’ to the dimensions.
The bridge was built at approximately the two-kilometer point from the city and its whole silhouette is visible from a number of places at not-too distant locations. That is, this bridge must look beautiful from every angle. We started to understand the scale that the bridge would need to span when we saw the scenery. Then we referred to many drawings and sketches as well as miniature models to simulate a number of plans. We subsequently selected a beautiful outline that featured elegantly-standing dual towers.
We sought a functional design while keeping the flow of strength as an inherent element of the bridge and artistic qualities as a sculpture. The towers were designed as H-shaped by making full use of their linear shape, while the upper side and the cross section of the H-shape were pressed for their stable, natural look. The cables were not arranged in parallel but stretched out like a fan, intending to give the image of a powerful lift of the beams, to ease the oppressive feeling for passing ships under the beams.

横浜港に入港する船舶にとって、この橋は港のゲート。港の奥まったところに山下公園や大桟橋がある

左：トラスで支える上層は高速道路、下層は両側の埠頭をつなぐ国道の二層構造。タワー部には展望台がついている

右：2本のタワーはシンプルなH型、上に向かって細くし、海面からすっきりと立ち上がる形を求めた

埠頭付近に立ち並ぶコンテナ基地や倉庫、工場とともに力強い風景をつくる

入港船舶には外国船を含む大型船も多い。クイーンエリザベス号も通れるように、橋の桁下の高さは 55m である

山下公園からみなとみらい地区にかけた、
港沿いのさまざまな地点から眺められ、
すっかり横浜のシンボルとなっている

コラム
橋の形式

橋を支える構造のしくみのことを「形式」といっている。橋づくりの原初は、丸太を１本架け渡す、両岸に架け渡したツタで桟木を吊り下げる、あるいは石をアーチ状に積み上げるなど自然の素材を用いた初歩的なしくみで、これらが桁橋、吊り橋、アーチ橋の３つの橋の基本的な形式につながるのである。

桁橋は、桁を水平に架け渡し、橋脚や橋台で支えるという最も一般的に見られる形式で、板状や箱状の桁がある。単調な形になりがちであるが、全体のバランスやディテールの工夫により、シンプルな美しさが得られる。桁橋のグループとして、桁を橋脚で支える間隔を長くするために考えられたトラス橋や斜張橋がある。棒状の部材をつないで三角形に組み立てたものをトラスというが、桁橋の桁の代わりにトラスを連ねて用いている。日本の昔の鉄道橋は、一般的に鉄橋と呼ばれる鉄のトラス橋が多い。直線で構成された明快な形状は力強い美しさがあるが、大規模な橋ではやや煩雑でいかつくなりがちでもある。

タワーから斜めに張られたケーブルで桁を吊る、桁橋の発展した形が斜張橋である。橋脚の間隔を大きく取れるため、横浜ベイブリッジのような橋脚の立てにくい港の出入口などに適している。タワーが高く、直線的なケーブルの織りなす軽快で現代的な形は目立ちやすく、地域のシンボルになることも多い。

２つめの形式である吊り橋は、タワーとタワーの間をゆったりと放物線を描いて空中に張り渡されたケーブルから、さらにロープで路面となる桁を吊り下げるタイプで、長い支間が得られる。これもまた本州四国連絡橋のように海を渡る大規模な橋に適している。

３つめのアーチ橋といえば、古代ローマの石造の水道橋が有名だが、現代では、鋼材やコンクリートでつくられるアーチを主体にしている。周辺の条件によってアーチが路面より上にある橋、路面より下にある橋、あるいはアーチの中間に路面のある橋とさまざなタイプがある。やさしい曲線は風景にもなじみやすく、アーチをいかに美しく見せるかが工夫のしどころである。

ほか、桁と橋脚を形状として一体化し、構造的にもしっかりつないだタイプはラーメン橋と呼ばれる。高速道路上に高く架かるオーバーブリッジにはπ型のラーメン橋が多い。桁から脚へと力の流れをスムースにつなぐ明快な形を目指している。

このように「形式」と「形（かたち）」は異なるものを指す。地形をはじめ周辺環境に適切なスケールをおさえながら、これらの「形式」による構造のシステムの力の流れを、「形」の上でもいかに美しく表現するかに腐心している。

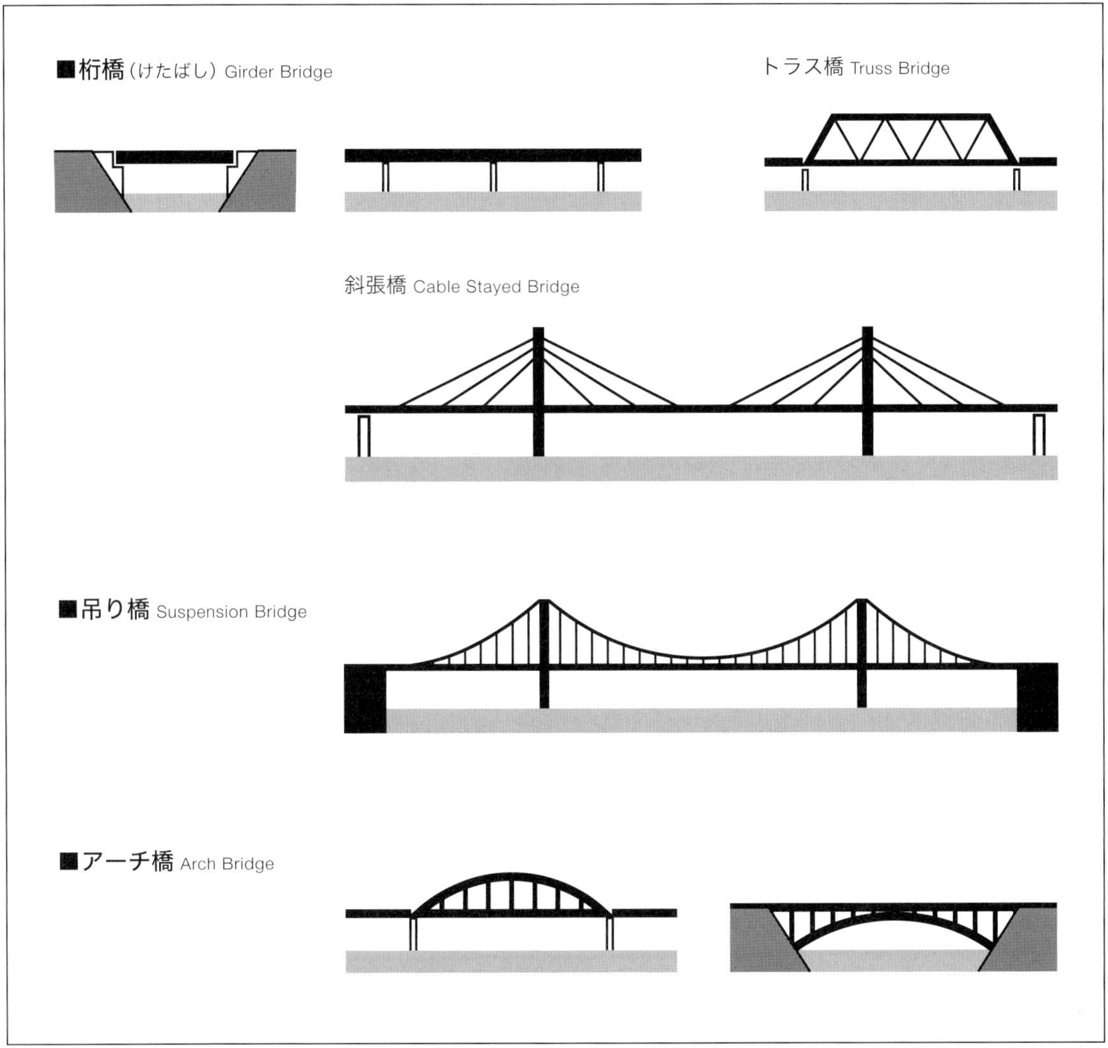
■桁橋（けたばし）Girder Bridge
トラス橋 Truss Bridge
斜張橋 Cable Stayed Bridge
■吊り橋 Suspension Bridge
■アーチ橋 Arch Bridge

HASUNE FOOTBRIDGE
蓮根歩道橋

ベンチを置いた橋

蓮根歩道橋 Hasune Footbridge 1977

初めて手掛けた橋が東京板橋の高架道路の下に架かる蓮根歩道橋である。橋にもデザイナーの協力が必要と考えた首都高速道路公団のエンジニアに、縁あって出会ったことがきっかけだ。
デザインにあたっては、通勤や通学、買い物や散歩で使う橋なので、日常生活の視点を大切にした。
単に橋のスタイリングをするだけではない。障害者はもちろん、幼児、妊婦、高齢者を含む皆が気持ちよく利用できるもの。歩きやすく、美しく、途中にはベンチも欲しい。公共空間のインテリアデザインとしてはごく当たり前な発想を、外部にも延長し、設計したのである。奇しくもわが事務所では、大きな病院のインテリアデザインの仕事を終えたばかりであり、そのノウハウが歩道橋デザインの新たな発想のきっかけとなった。
ところが、管理者の都の担当者との打合せの際、まず橋の中央にベンチを置くという提案に驚かれた。誰が利用するのかとの問いに、老人、そして妊婦と答えた途端、どっと男性諸氏から笑いが起きた。老人はまだしも、妊婦とは、男性には思いもよらぬ発想だったのだろう。安心して歩けるように歩道橋の通路の両側に高さ 1.2m の高欄を取り付け、さらに歩道橋全体にわたって連続する高さ 80cm の手摺を提案したことも物議を醸した。現在では手摺を二段、全面的に設置することが法令で定められているが、当時は階段以外に手摺は不要と判断されたのだ。
照明から舗装、色彩までを含むすべての提案が暗礁に乗り上げたものの、設計・施工を担当する公団のエンジニアとともに、ねばり強く都と協議した結果、テストケースとしてベンチの設置を含めて実現できた。
完成後皆で現地を訪れると、私たちの筋書き通り、高齢者のみならず、子供たち、そして妊婦がベンチに腰掛ける姿があった。そうしてこの橋は、橋の新しい切り口として、さまざまな方面から評価をいただいた（それだけに、この歩道橋の改造時、われわれに声がかからなかったことは、いまだに残念でならない思いがある）。

Our first project for bridge design was the Hasune Footbridge. The project was triggered by our encounter with an engineer at Metropolitan Expressway Company Limited who believed that even bridge construction called for collaboration with designers.
For the design, we valued the perspective of daily living as the overpass was meant to be used in commuting, going to school, shopping or just walking.
The design was not meant for choosing just the style of a bridge; the design must be easily accepted by everyone including people with handicaps, toddlers, pregnant women, older citizens and all others, by making an easy-to-walk and beautiful structure. Thus we assumed they might want a bench for resting at the halfway point on the overpass. We used common ideas for interior design adopted for a public space and simply extended the idea to this outdoor road. By a curious coincidence, our office had just completed an interior design for a large hospital at the time and had obtained know-how that triggered our new ideas for the overpass design.

前ページ写真：首都高速５号線蓮根付近、高架下に生まれた大きな交差点に架かり、三方向を結ぶ

左：当初反対されたベンチだが、通行の邪魔にはなっていない。人を包み込むような形の高欄、楽しい舗装なども高齢者や子供たちに橋の利用をうながした

右：高齢者にはスロープが利用しやすいものの、用地のとれない場合が多い。手摺も歩行を助けている

TATSUMINOMORI FOOTBRIDGE
辰巳の森歩道橋

80 mものスロープ

辰巳の森歩道橋 Tatsuminomori Footbridge 1979

1977年、計画に先立ち現地調査に出掛けたときのこと、江東区を南北に走る三ツ目通り沿いに辰巳団地と隣接する中学校の前を通り過ぎると、目の前の埋立地に荒涼とした風景が広がっていた。

海よりの東西に走る東京湾岸道路に三ツ目通りが交わり、その各々の道路上には首都高速が重なる。その交差部である辰巳インターチェンジ近くで三ツ目通りを横断するのがこの歩道橋である。湾岸線の内側はグリーンベルトをつくる臨海公園として計画され、この歩道橋は道路によって分断された「辰巳の森緑道公園」を結ぶのである。

道路や橋は、建物や施設に先行して計画や工事が行われるため、どのように人々に利用されるのか、最終的な姿をイメージしにくい。ここではスケールの大きい空間を生かし、歩いても自転車でも楽しく渡れ、緑豊かな風景になじむおおらかな空間づくりを目指した。また、公園を中心とするサイクリングコースの一部として橋を積極的に取り込むことを考えた。

まず全体をスロープにする。もちろん車椅子でも通行しやすいように勾配は8%以下である。スロープの長さは80mを超えるため、橋の長さを抑える工夫をした。両側の用地の中央にゆるやかな円錐台状に土を盛り、両者を結んでスロープ状の橋を架けたのである。

橋の平面形もカーブさせることで、通行する人にも視界の変化が楽しく、上部の高速道路の曲線ともバランスが取れる。橋を奥に引き込んだので交差点の見通しも良い。桁と脚を剛結（一体化）して曲線でつなぐ、いわゆるラーメン構造を用いてフォルムを単純化したことで、シンプルでありながら、ダイナミックな辰巳インターチェンジのイメージと一体となって地区のランドマークとなった。

完成後、早速、自転車に乗った数人が緑に覆われたスロープを登り、橋を渡るのが見え、嬉しく思ったものである。その後、西側の橋詰に地下鉄の出入口が顔を出し、海側にも建物が増えた。橋の使われ方も時代の変化とともに変わってゆくのだろう。

This pedestrian overpass that crosses above Metropolitan Road No. 3 near the Tatsumi Interchange connects sections of Tatsuminomori Ryokudo Koen (Tatsumi Woods and Greenery Park) that were divided by roads. We sought a design to make walking or bicycling fun with a large-scale background and we created a relaxed space fitting for the lush, green scenery. We also planned the overpass to be integrated into the cycling course around the park.

First the whole overpass was tailored to slope-way shape with a slope of below eight percent for easy passing even by wheelchairs. Since the length of the slope was assumed to extended over 80 meters, we tried to shorten the length of the overpass. First a pair of small cone-shaped embankments were made at the middle of the site of each side across the road. Then the slope-shaped overpass was hung between the two embankments.

前ページ写真左：道路で分断された辰巳の森公園をつなぐ。全体をスロープで通れるように、円形の台地と橋を組み合わせた

前ページ写真右：上空には首都高速辰巳インターチェンジの桁がダイナミックな曲線を描いているが、歩道橋の曲線もそれに対応させた

近くの辰巳小学校の生徒がにぎやかに渡る。建設当時は通行者が少なかったが、現在では地下鉄駅も隣接し、橋は通勤ルートになっている

KAWASAKI MUZA DECK
川崎ミューザデッキ

過密な都市空間のしつらえ

川崎ミューザデッキ Kawasaki Muza Deck 2003

JR川崎駅西口側が再開発され、新しい街が誕生した。その地区の核となる再開発ビル、高層の〈ミューザ川崎〉と川崎駅の自由通路を駅前広場でダイレクトにつないでいるのがミューザデッキである。

広場のロータリーの形になじむように、緩やかにカーブさせながら歩道上に橋を重ねた。その結果、橋の裏になる面が下の歩道やバス停のシェルターとなった。

その際いちばんの難問は、歩道に面しているホテルの入口やレストランの軒先を横切ることであった。このような過密な空間にさりげなく溶け込むよう、曲面をもつ箱桁とブラケットを組み合わせ、スレンダーで桁裏の滑らかな美しい橋とした。橋下に快適な空間をしつらえることを目指したのである。

一方、橋上の歩行空間は再開発地区へのゲートであり、新しいビルにできたミューザホールへ集う人々を出迎えるスペースである。ゆるやかな内カーブはここでも功を奏する。ガラスの高欄越しに広場内のケヤキの緑を楽しみながら、幅7.5mの広めの通路を、カーブに沿って人々がゆっくりと歩いて行く。

この開放感を活かすように、外側にガラスシェルターを片持ちで設けた。しかし日本の夏は暑い。ガラスにはグレーのストライプを印刷したフィルムを挟み、透過性を保ちながらも日差しをやわらげる工夫をした。

夜間の桁下のライティングにも注意を払った。ロータリー側はバスの乗降用に機能的なライン照明で明るく保ち、ホテル側では点照明にすることで建物の入口につながる細やかな表情を求めた。

A new town emerged with the completion of the redevelopment of blocks at the west exit of JR Kawasaki Station. Muza Deck is directly connecting the plaza in front of JR Kawasaki station and Muza Kawasaki, a center piece of the new town blocks. We designed the bridge to overlap with the ground sidewalk with a gradual curve tracing the shape of the rotary at the station plaza. Subsequently the bottom of the bridge beam became a shelter for the sidewalk and bus stops below.

The most challenging part of our design was to situate the overpass so that it would provide an easy path that went by the hotel entrances as well as to restaurants that faced the sidewalk. We designed the overpass to blend with the congested scenery through a combination of curved box girders and brackets, thus making the bridge look slender and light with smooth-surfaced beam bottoms.

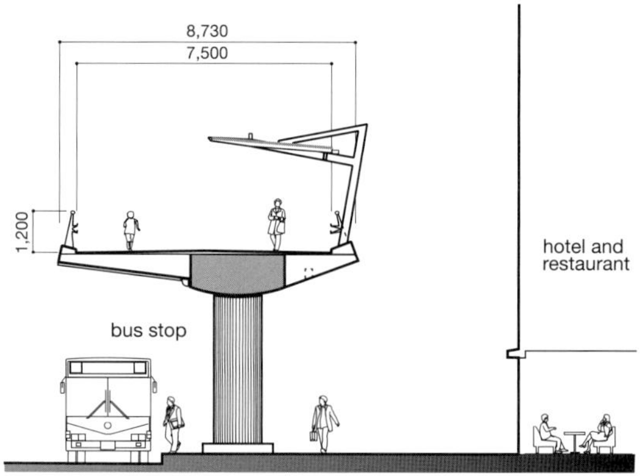

右側はホテルの出入口、橋の下はバス停のある歩道、橋の上も橋の下も昼夜ともに快適で美しい空間が求められた

BAYWALK SHIOIRI
ベイウォーク汐入

都市の回廊

ベイウォーク汐入 Baywalk Shioiri 1995

横須賀港に近い京浜急行汐入駅周辺は、かつて基地の街として栄えていた。その駅前の汐入交差点に架かるベイウォークは、国道 16 号線沿いに中心街とつなぐ歩行動線の要だ。国道の南側には再開発の核となる高層の複合文化センターが、北側には大型ショッピングセンターと福祉会館が建てられ、それらの回遊性を高め、海辺にふさわしい魅力的な橋が求められた。

そこで国道両側の建物群を結ぶ「回廊」をイメージし、はしごを倒したような形を単弦（1 本）で X 型に組む構造形（フィーレンデール構造）を提案した。通路の中央に並んだフレームの高さは 3.7m、70cm 角の白い柱が歩行のよりどころとなり、沿って歩いたり、間を通り抜けたりと親しみやすい空間が生まれる。X 型の平面は動線が短く、さまざまな方向にアクセスしやすい。橋からショッピングセンターは直結されている。

この橋の長さは 60m と長い。国道のカーブ地点で道路幅が広いうえに、複雑に交差しているため、交差点内には脚を立てられないからである。これだけ長いと通常は桁の厚さが 2m 程になるが、橋上に構造フレームを立てることで桁の厚さを 1m 程に抑えた。階段の高さもそれだけ低くなり、歩行者には何よりだ。

車道や歩道からだけでなく、周辺の建物からの視線も意識し、X の一方の直線を建物の軸線に合わせて連続性をもたせた。昼夜ともに魅力的に見えるように、黒白の明快なパターンと、白色のフレーム構造を活かした照明としている。

山側の汐入駅を降りて、海側の福祉会館に渡る障害者を想定してエレベーターも設けた。当時はまだ公共構造物にエレベーターのほとんどない時代である。建築基準法では通り抜け（地上階と橋上で出入口の方向が異なる）タイプが禁止されていたが、動線上、そのタイプを提案した。幸いにも実現でき、その後も建築基準法が改正されてそのスタイルが通用している。

Close to the Port of Yokosuka, the neighborhood around Shioiri Station of Keihin Electric Express Railway once prospered as a gateway neighborhood to the US Naval base there. The Baywalk hanging above the Shioiri junction in front of the station is a main pedestrian passage that connects this redeveloped section and the center of the town along with national route No. 16. On the south side of the national road, a high-rising culture complex center is the heart of the block. A large shopping mall and welfare building are on the northern side. The hope was that this overpass would enhance the mobility of people. At the same time, the goal was that the overpass would look attractive with a design that fit the seaside area.

We imagined a corridor that would connect the buildings on the both sides of the road, and we proposed a structure of bridges with an X-shaped crossing with Vierendeel, looking like a laid ladder, as set up in the center of each bridge. Rows of white columns that are 3.7-meter high and 70 centimeters wide could show guidelines for pedestrians who may walk along with them or pass through them, thus making the overpass a friendlier place. For the planar view, our choice of the X-shape made traffic lines for pedestrians shorter and provided easier access into various directions. The overpass was directly connected to the large-size shopping mall.

前ページ写真：国道を挟む4地点をコンパクトに結ぶX形。歩行者には近道感が大切。近接する高層ビル内にあるホテルのレストランから、見下ろされる橋である

中央に立つ構造の柱が連続して、建物をつなぐ回廊のような親しみやすいイメージをつくる

横須賀港に近い再開発地区、その歩行ルートの要になる。高層の複合文化センター脇から国道の交差点を一気に渡り、大型店舗にも直結する

左：近接するホテルのレストランから夜景も楽しめる。橋の上の構造フレームに組みこんだ照明がX形を照らす

右：はしごのような構造は、回廊のような空間を得るためであるが、同時に桁の厚みを半分にできた。模型は100分の1

下：複雑な交差点内には橋脚が立てられないため、X型の桁は、道路を挟んで4点で支えられている

コラム
橋に携わる人々

橋を誰がつくっているのかと言われれば、実際に建設した会社、いわゆる施工会社のイメージが強いが、それは最終段階のことである。まず、発注者（おもに行政）が登場し、その仕事を受けた設計者、施工者と続き、そして完成後はそれを維持するよう管理者にゆだねるのだが、土木の世界はおしなべて担当者の名前を表に出さない傾向がある。よって世間一般に知られることもない。それが土木に親しみにくい印象を与えてきたともいえるだろう。橋づくりはじつにさまざまな分野の人々の共同作業なのである。

たとえば鮎の瀬大橋で関わった人たち——。まず、発注者である熊本県の土木技術者。プロジェクト全体をプロデュースする重要な役目を担う。調査を行い、橋をどの位置にどのように架けるかを関係するいろいろな機関と調整し、予算を立てて、民間の設計技術者、施工業者との打ち合わせ、地域住民との話し合い…と、さまざまな場面で判断をしていく。ただ、開通まで時間がかかるため２年程で担当者が交代することが多い。そのため、設計の細かなニュアンスが伝わらない場合もあれば、逆に客観性の高まる場合もある。

次はコンサルタントの技術者や、われわれデザイナー。地質調査にはじまり、多様な条件が整理された後、デザイナーは地域にふさわしい橋の形状を、風景として、空間としてイメージを創り、コンサルタントの技術者とともに実際のかたちにしていく。技術者も地質、構造、設備、電気と専門が分かれ、それぞれが構造、施工性、経済性などを検討して計画をまとめていく。鮎の瀬大橋の場合は基本設計、詳細設計のみならず、施工時のデザインの監理も行っている。そのため、発注者や施工者とも現場にたびたび出かけて協議し、工事の進む中で起きる変更——たとえばコストを下げる必要に迫られ、石材の親柱や高欄のデザインを変更した。一方、歩道舗装の現物サンプルをつくって、モルタルに埋め込む石の大きさや配置をチェックする、ケーブルの色も近似色のサンプルで比較し決定するなど、ディテールまで詰めることができた。ただ、土木では一般的にデザインの監理のない場合も多い。

鮎の瀬大橋は、火砕流の堆積した特殊な地形に架けられる大規模な橋だったため、大学教授などの学識経験者が「技術検討委員会」をつくり、アドバイスを得て設計作業に反映させることにした。このおかげで、地質の強度が十分な位置まで橋の長さを長くしたり、谷を吹き抜ける風や雨によるケーブルの振動を抑えるように、制振装置を取り付けるなどの検討が行われた。

そしていよいよ施工に入る。橋の施工は、基礎から橋脚、桁、橋上の舗装や照明まで、多くの職種で支えられているが、その施工計画をつくる施工会社の技術者から、実際に手を動かす職人までが携わる。鮎の瀬大橋の場合は現場担当者は５年６ヵ月、工事の進捗を危惧しながら明け暮れ、開通まで見届けてくれた。この橋のケーブルを定着する円錐台形のコンクリート型枠は、現地の船大工がつくったものだった。これはさすがに美しい出来で、日本の土木の施工の優秀さを目の当たりにした瞬間だった。
橋ができた後は地元の矢部町（現・山都町）が管理し、維持することになっていた。管理者としての地元自治体の担当者にとっては管理費が気になるところで、塗り替える必要のないコンクリート橋になったことは、喜ばれた点でもある。
鮎の瀬大橋は熊本県の〈くまもとアートポリス〉プロジェクトゆえデザインが重視され、この橋に携わる発注者から、設計者、施工者まで全員が良いチームワークで仕事ができ、この橋の「質」を高めた。地元に引き渡された後も、地域の住民に本当に喜ばれたことは先にも述べたとおりだ。こうして携わった人の思いが土木学会デザイン賞の最優秀賞受賞につながったと信じている。

HAMAMIRAI WALK

はまみらいウォーク

近未来の開放感

はまみらいウォーク Hamamirai Walk 2009

横浜港に接して建設された「みなとみらい 21 地区」、通称 MM21 へのゲートウェイになる歩道橋である。横浜駅東口から駅前のビル群を通り抜け、帷子《かたびら》川を越える部分に架かるが、正面には新築された日産本社ビルがそびえ立つ。このようにビルの屹立する狭間に架かるものの、そこは川の上、海の方へ向かって開けた、その開放感を満喫できる場所である。

橋全体のフォルムは、両岸の硬いイメージのビル群をやわらかにつなぐ扁平なチューブ状。水面を軽やかに渡る。海風や日差しをやわらげるために、橋上を曲面ガラスのシェルターで覆っているが、海側は開いて海への眺望を確保した。

橋の長さは約 100m、幅 10.4m の歩道の中間にはシェルターを支えるＶ型をした支柱を設け、山側は「動く歩道」が設置できるようなスペースをとっている。

白を基調として統一感をもたせるという、この地区の近未来型の都市づくり、この地区を訪れる多くに人々が、この海辺の新しい街への期待感を抱く、そのような歩行空間づくりを試みた。とはいえ、正面の日産本社ビルのデザインについては、谷口吉郎氏設計という、設計者名以外の情報がまったく得られず、どうなることかと心配したが、できあがってみると両者が風景として違和感なくつながり、ほっとしている。

この歩道橋は横浜市のコンペに大日本コンサルタントと協力して応募し、実現したものだ。照明計画は中島龍興氏の協力を得て、夜間の表情が豊かになった。

The pedestrian overpass is the gateway to Minato Mirai 21, known as MM21, and connects to the Port of Yokohama. The overpass starts at the eastern entrance of Yokohama station, going through buildings at the station plaza. The newly built corporate headquarters for Nissan Motor soars in front of the overpass as it spans the Katabira-gawa River. The overpass spans a valley of tall buildings but is built on the river, which is the open space facing the ocean where people can feel unencumbered.

The entire overpass is shaped like a flat tube, linking rigid images of buildings at both banks of the river with a gentle touch. The overpass light-heartedly runs over the surface of the water. To reduce the wind from the ocean and soften the sunlight, the overpass is sheltered by curved glass while the oceanside is open for views to the water.

The overpass is approximately 100 meters long. In the middle of the overpass, we used V-shaped pillars as wide as 10.4 meters to support the shelter on the bridge. We kept a space for future installation of a moving sidewalk on the mountain side.

前ページ写真：光のチューブが帷子川の暗闇を横切り、新しい夜景を創る

左上：山側は、日差しをやわらげる合わせガラスのシェルターで覆われるが、海側はオープンである

左下：シェルターの曲線フレームによって包まれる山側は、歩く歩道が設置可能。歩行者はシェルターを支えるV脚によってリズミカルに誘導される

右上：帷子川の上を軽やかに横切るガラスのチューブ、背景のMM21のビル群とともに未来型都市の風景を創る

右下：山側は、シェルターの天井を一直線に貫く蛍光灯で明るさを確保、夜景の楽しめる海側は、高欄に細い蛍光灯を組み込み明るさも抑えた

CHIBA URBAN MONORAIL ELEVATED BRIDGE

千葉都市モノレール橋

PARCO
SHINFU
他にはない、「ダブル教育」。
学院

都市のゲート

千葉都市モノレール橋 Chiba Urban Monorail Elevated Bridge 1998

JR 千葉駅から南へ延びる駅前プロムナード、そのつきあたりを横断する都市モノレールの高架橋である。

モノレールには 2 つの方式がある。一方は車両がレールを跨ぐ“跨座式”、他方はレールからぶら下がる“懸垂式”、千葉モノレールは後者である。プロムナードを行き交う多数の車両の頭上をぶら下がって運行されるため、レールの位置は高い。下の街路からは 14m 程のクリアランス（空き）をとるよう求められている。

この橋はプロムナードの正面に見え、さらにつきあたりをカーブして市街地へ抜ける地点という、ランドマーク性の高い場所に架かる。こういう場合、桁橋にすると桁の高さが大きいため圧迫感があり、何よりも武骨で無表情になりがちである。ここではプロムナードの通行を誘導するように、“ランドマーク性”だけでなく、“ゲート性”をももつ明快さ、また、圧迫感を和らげる“軽快さ”を求め、街路をアーチで囲む中路アーチ構造を提案した。

モノレール橋は小さな河川上に架けられているが、周囲はビル群で囲まれている。橋の背面となるつきあたりは小公園で、人目も多い。このような場所で求められるのは、建物群にもなじみ、身近に見えるスケール感やディテールだ。橋下を流れる小さな川の両岸に踏ん張る 2 本のアーチの頭を互いに寄せて全体の量感を和らげる、中間をケーブルで吊り、桁をスレンダーにする、などの工夫を加えた。街路に接する脚元もコンパクトにまとめた。

また、駅前プロムナードは照明計画に力が入っている。そんななか、新しく加わった橋のみが黒々としたシルエットを残すわけにはいかないので、街路上のポール上からアーチリブをライトアップして、夜間のランドマークとした。

A promenade stretches to the south from JR Chiba Station. This is an elevated bridge of the Chiba Urban Monorail that provides an easy path that goes over the promenade at the end.

The station promenade has a direct view of this bridge, which extends to the center of the city with a curve at the end. The bridge stands at a landmark point. A girder bridge, if built on such a place, might have looked oppressive with taller beams and might have looked too rugged and mundane. We, then, pursued functionality to facilitate passage on the promenade and also clarity as a gateway and lightness to reduce the oppressive impression and proposed a design of a half-through arch bridge that surrounded the street with an arch.

前ページ写真：頭上を横切るモノレールの桁、その重量感や圧迫感をやわらげるために、アーチと組み合わせて桁の厚みを薄くしている

千葉駅前プロムナードの正面に見える。アーチを越えると道路は右へ曲がり市街地に向かうが、ビルを背景にランドマークとしての効果は高い

アーチの背面は公園になっていて、そこでくつろぐ人々の間近に見える。それだけに軽やかで親しみやすいスケールの橋が求められる

PARCO
40

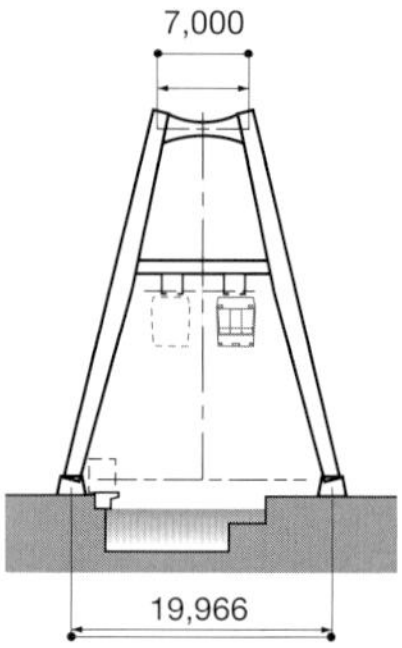

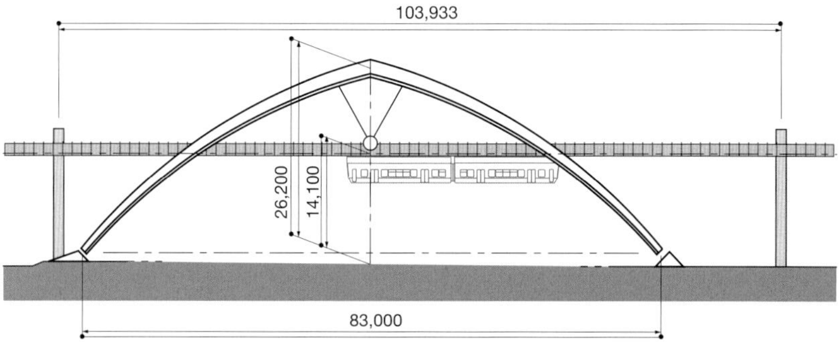

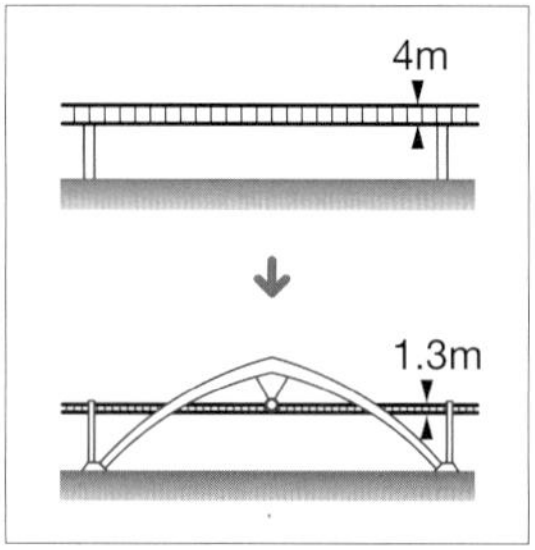

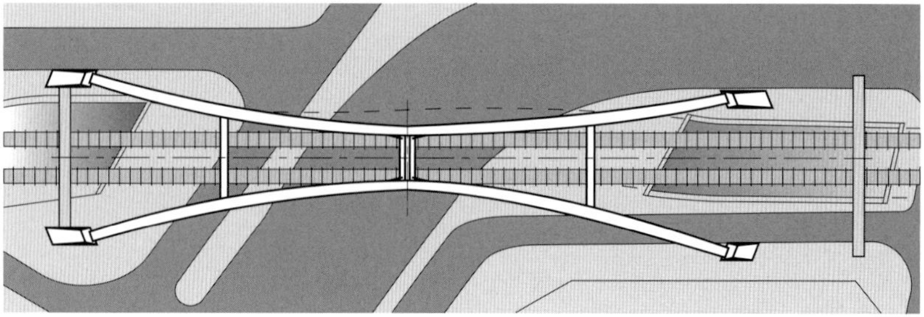

街路上の橋脚位置が決まっているため、上図のような桁橋では桁が長く、その厚みが 4m にもなって頭上を横切り、圧迫感が大きい。一方、下図のアーチ橋ではアーチで桁の中間を支え、さらにケーブルで上から吊るため、桁の厚みが 1.3m と薄くできた

コラム

橋ができるまで

橋のできるきっかけはさまざまである。鮎の瀬大橋は、地元の強い要望だったし、横浜ベイブリッジなどは、広域の交通ネットワークの一部として計画されている。大規模な橋は、構想が始まってから実際にでき上がるまで３つの段階を踏む。第一段階は調査。橋は巨額な工事費が必要なプロジェクトであり、周辺環境への影響も大きい。そのため事前に、あらゆる角度から調査が行われる。地形、地質、海流、気象などの「自然条件」から、交通ネットワーク、交通量、周辺施設、歴史、文化、市民生活といった「社会的条件」、空気、水、動植物への影響、風景という「環境条件」まで、くまなく調査され、その結果、ルートの選定、設計条件、施工条件、予算が決められていく。横浜ベイブリッジでは調査に 15 年もの歳月がかかっている。

つづいて第二段階は設計。調査内容に基づいて基本的な設計を行う。この段階では構造のシステムを技術面、施工のしやすさ、経済性、景観とを比較しながら検討し、決定する。学識経験者などを含む委員会や検討会といったところでチェックされることも多い。その後、実際の施工につながる詳細な設計を行いながら予算を組む。われわれが関わるのは基本設計や詳細設計で、横浜ベイブリッジのような大橋梁については構造のシステムが決定した後の「形」をつくっているが、鮎の瀬大橋のような中規模の橋では構造のシステムを含めて提案している。この場合も橋の架けられる位置は決まっているが、街路を横断する歩道橋では、どのように橋を配置するか、位置を含めて全体的な形態をデザインしている。設計作業は歩道橋で２年、一般には３～４年かかることも多い。施工の際には設計どおりに工事が行われるように、あるいはより具体的に実現する「監理」を行う。歩行者の利用する橋や近接して眺められる橋では、ディテールの美しさを高めるデザインの監理も必要である。

そして第三段階は施工すること。設計図をもとにして、土台をつくる基礎工事に始まり、橋脚や橋台を築いた上に、桁を架ける。両側から架け進めてきた桁のつながる時には、連結式を行う。連結式とは桁が無事につながったことを祝う式典で、現場にとっては大切なイベントで、関係者を集めて行う。鮎の瀬大橋の式典では、実際にはすでに連結されているものの、床に残された 50 ～ 60cm 角の部分にモルタルを詰めるのを皆で見守った。橋の両側に高欄と照明を取り付け、舗装を行うと完成。いよいよ開通式を迎えることとなる。

鮎の瀬大橋では、この施工に５年６ヶ月の月日がかかるなど、橋ができるまでには非常に長い時間を要する。われわれが設計のみで手を離れることがあると、その完成で「ああ、あの橋が」と思い出すような…そんなこともたまに！ある。

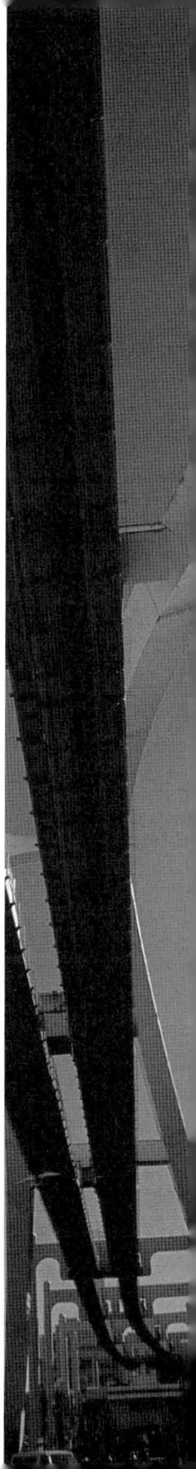

FRANCE BRIDGE
フランス橋

橋が街をつくる

フランス橋 France Bridge 1984

横浜港に面した「港の見える丘公園」と「山下公園」は堀川を挟んで対峙する。片や丘の上、片や海際にあるこの２つを結ぶ歩行ルートを整えて橋を架けること、これは横浜市の都市デザイン上、重要な課題だった。

当初、河川の上を直線的に渡る案もあったが、高架橋や街路との収まりが悪く、街並みから突出してしまう。そこで大きなカーブを描いて渡る平面形を提案した。丘のふもとのフランス山公園脇から、高架下の堀川にカーブを描いて対岸へ渡り、次に海側に折れ人形の家博物館を経て山下公園へ至る。街並みにもなじみ、回遊性も高まるルートとなる。公園側にくいこんだ曲線部分でアーチ状のメインゲートをつくり、その前面には橋と一体化した魅力的な広場も生まれた。

河川や街路上は、鋼製の逆台形の断面をした桁によって軽やかな曲線を描き、一方公園部は、重厚なコンクリートの擁壁とした。仕上げ材を議論した際、山手地区には石材がふさわしいという結論になり、ピンク系の御影石を貼って、石を割ったままの割肌仕上げとするなど、重厚な中にも素朴な親しみやすさをもたせた。

橋上の高欄、照明、舗装等も、石材のイメージに調和するようディテールを詰めた。この仕事は首都高速道路公団の発注であったが、横浜市の側は道路局の他、都市デザイン室、公園担当の緑政局、人形の家担当の経済局と、計 15 名ほどの大人数で、さまざまな角度から協議が行われ、土木の世界では当時初の設計監理も申し出て、現場で石工さんたちと具体的に協議できたことも全体の質を高めた。その結果、曲線に沿って堀川沿いの風景が刻々と変化し、高架下ではあるが、歩く楽しさに満ちた歩行空間となった。

これまでこの地を訪れる多くの人々がこの橋を渡った。デートコースや、テレビドラマの舞台にもなったようだ。外観はほとんど変わっていないものの、小公園の内側にフランス山へ直接登るルートが取り付けられ、近くには地下鉄駅が顔を出し、さらに多くの観光客で賑わっている。

Two parks that face the Port of Yokohama, Minatono-mieru-Koen (Harbor View Park) and Yamashita Koen, are located on opposite sides of the Horikawa River. The two parks, one on a hill and the other at the waterfront, needed to be bridged for easy walking access. This was an important task for urban designing of the City of Yokohama.

Then we proposed a planar form to cross the river with a large curve. This design was meant to bridge, in curves, the two banks of the Horikawa River under the viaduct, to make a main gate like an arch on curved portions that cut into the park sides. Thus, our design created an attractive open space in front of the gates as integrated with the bridge. For portions above the river and streets, the bridge stands on steel-made beams with inverted trapezoid cross-section for soft curves while we used massive concrete for the retaining walls at the portions where the parks are.

前ページ写真：昔、フランス領事館があったのでフランス橋の名がつけられた。階段脇の壁面にはその領事館の飾石がはめられている

アーチの小公園入口部は今や「港の見える丘公園」への入口。アーチ上に歩道が続き、右方にスロープで降りる。石材はピンク系御影石の割肌仕上げ、アーチ部曲面の天井にも、石材の止め金具を隠す工夫をした

上：公園部はコンクリートに石張り、一方、街路や堀川を越える部分はメタル（鋼）の橋で街路や堀川の上を軽やかに越える。歩きながらの見晴らしを楽しめるように、高欄の縦柵部分も低くしている

下：舗装は磁器タイル貼り、明るい色のラインで歩行をいざなう

上：公園脇に降りる階段。壁を低く立ち上げてパイプと組み合わせた、眺めと安心感を得る工夫

下：公園部のコーナーが入口広場になり、街路にとっても見通しのよい交差部をもたらした

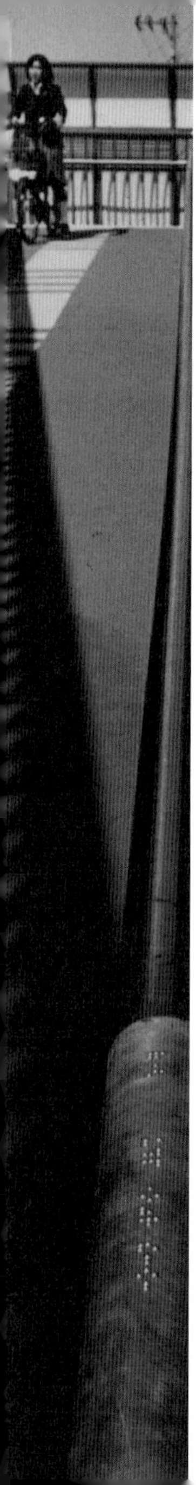

コラム
橋とユニバーサルデザイン

橋のなかでも歩道橋はその名のとおり歩行者専用の橋で、川に架かる橋のように周りの道路と同じレベルでつながるもの、他方は階段などを昇って道路上を横断するものと、２つのタイプがある。特に後者は標準化されたものが全国的に見られるが、昇り降りが楽でないうえに美しさにも欠け、これまで不評をかってきた。
歩道橋は幼児から高齢者、歩行障害をもつ人々、また地域住民や外部から訪れるさまざまな人々に利用されるため、「すべての人のためのデザイン」というユニバーサルデザインの考え方に基づく設計が求められるのではないだろうか。

ユニバーサルデザインとは、1985年、アメリカのノースカロライナ州立大学ユニバーサルデザインセンター所長ロン・メイスを中心に、建築家や工業デザイナー、技術者、環境デザインの研究者らが提唱した考え方である。障害者に対するバリアをとりのぞくバリアフリーの概念を発展させ、障害者のみならず「できるだけ多くの人々が利用しやすいようにデザインすること」だ。

私は歩道橋をデザインする時に、次のような点を心掛けている。
わかりやすいシンプルな動線―― 見つけやすい出入口、自由に選択できる昇降装置、短く便利な動線、周辺とのスムースな接続。
歩行者にも車いすの利用者にも歩きやすい通路――十分な幅、つまずきにくい舗装。
安心できる高欄と手摺――安心感と開放感、快適性を高める美しさ、にぎりやすく清潔感のある手摺。
座りやすいベンチ―― 妊婦や高齢者が座りやすく、立ち上がりやすい高さ。
美しい光――心地よい明るさ、人や緑を美しくみせる光…。

美しさや、快適性といったことも、私はユニバーサルデザインの一環だと考えている。

ICHIBADORI/MAEDA/DAIKAN BRIDGE

市場通り橋・前田橋・代官橋

橋がつなぐ個性の街

市場通り橋・前田橋・代官橋 Ichibadori / Maeda / Daikan Bridge 1983

ファッションの街・元町のある山手と、食の街・中華街のある関内、個性ある街として親しまれるこの二地区は、堀川を挟んでそれぞれ発展してきた。その堀川の上部に首都高速の高架橋が架かるのに伴い、その下に市場通り橋・代官橋・フランス橋の３橋の歩道橋が新設され、前田橋が架け替えられた。２つの地域を一体化させる歩行ルートをつくる、いわゆるまちづくりの一環としての橋だった。ただ、堀川には小型船が通るので、市場通り橋・前田橋・代官橋は橋下の航路確保のために構造形式が決められていたことから、修景のデザインにとどまっている。

四橋のうちいちばん上流にある市場通り橋は、通勤、通学、買い物など日常の生活に使われる橋なので、親しみやすく楽しい空間性を橋に求めた。それが半円形のリングで、高架橋の圧迫感をやわらげるチューブをイメージし、輪をくぐり抜けながら渡るものにした。

前田橋は、横浜開港直後に初めて架けられ、今回の架け替えで三代目である。両岸の商店街を結ぶ中心的な役割を果たしてきた。ここでは橋の入口の左右の桁端部に大型の照明柱を設け、中華街南門に接続するゲートとした。すると、中華街側から「中華風」の意匠を求められて、これにはやや戸惑った。鋳物の高欄には赤で「中華風」なイメージをもたせたが、桁は焦げ茶色のシンプルな形状に抑えておいた。この橋の開通式には中華街から蛇おどり、元町からおみこしがくり出され、盛大な開通式だったのを憶えている。

堀川筋四橋ができて20年余、観光地としてこの地は順調に発展してきた。2004年にみなとみらい線、元町・中華街駅が開通した影響は大きく、より大勢の観光客が押しかける場所となった。その間、街も建物もずいぶん変化したが、橋にはさほど変化がない。けれど、あの前田橋が青色に塗り直されていたのには驚かされた。ただ、さわやかな印象であるし、元町の雰囲気にもなじみがよいだろう。高架橋も当初とさほど変わらず、きちんとしたたたずまいを見せている。都市の骨格となる構造物のデザインは、時間の変化に耐えられるものでなければならないとつくづく思う。

The streets of Yamate that enclose Motomachi are synonymous with fashionable shops and the Kannai, including Chinatown, for gourmet meals, are two districts with distinctive styles. These two districts have developed independently across the Horikawa River. With the construction of the new viaduct of the Metropolitan Highway over the river, a total of three new bridges were built: Ichibadori, Daikan and France Bridge. The Maeda bridge was restored. These bridges were designed as walking routes to integrate the two districts as a kind of urban development.

前ページ写真：左から市場通り橋、前田橋、代官橋

前田橋：横浜市では JR の３つの駅と港付近の観光地を結ぶ３本の歩行ルートを定め、そのルートを舗装の絵タイルで誘導。その１つが石川町駅から前田橋を通り、中華街南門へ抜けるルートで、前田橋の舗装にもその絵タイルがはめこまれた

市場通り橋：路面の両脇に立ち上がる桁に照明付きの半円リングをとりつけて、中華風円窓をイメージ。全体を白いトーンでまとめ 、対岸のおしゃれの街・元町のイメージにも配慮している

前田橋：中華街側からは街の入口として目立つ、中華風の赤い橋を強く要望されたが、それは高欄にとどめ、桁は焦げ茶色とした。現在では中華街に地下鉄駅ができたためか、おとなしい青色系に塗り替えられている

代官橋：桁の外側にくの字に折り曲げた白色の化粧板が光を受け、エッジが水平ラインを強調している。シンプルで小さい橋ながら、高架橋下に存在感をもたらしている

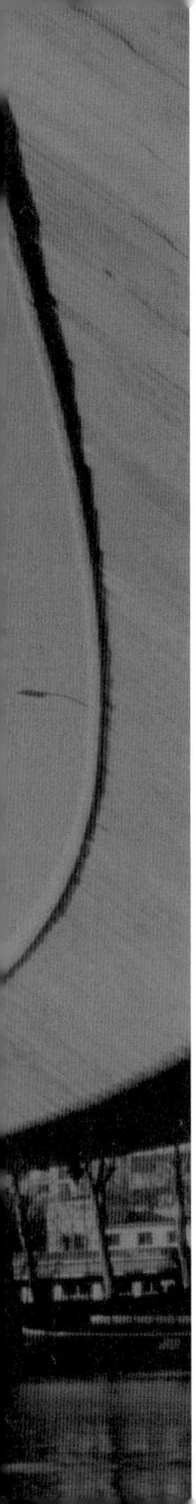

コラム

私が見てきた橋 —— 道路橋・鉄道橋

スイスといえば、橋の設計者マイアールが土木技術者の間のみならず建築家にも有名。代表作サルギナトーベル橋［1.］は山中にあるアーチ橋である。コンクリートを用い、技術的にも斬新な造形はその後に続くクリスチャン・メンにも影響を与え、ガンター橋［2.］を生み出した。タワーの低い形で、斜張橋と桁橋の中間の新しい形式といわれ、シンプルなコンクリートの造形が、鋭い稜線で縁取られたアルプスの山々に映える。
フランスのミヨー高架橋［3.］は雲の上の写真で知られているが、谷間の霧の発生しやすい場所にエッフェル塔よりも高くタワーが突き出ている。デザインはフォスターが協力。メタルとコンクリートを組み合わせた斜張橋であるが、洗練されたシャープな造形が谷の風景と相まって感動的である。

ストックホルムにはコンクリートの美しい橋が多いが､水面をひとまたぎするこのアーチ橋［4.］はアーチのラインが強調され、堂々としている。パリ近郊のセーヌ川の架かるサンクルー橋［5.］は高速道路の橋、桁橋であるがカーブする逆台形の桁を支えるテクスチャーのある橋脚など、光をうまく捉えて豊かな表情を醸し出している。スペイン・ビルバオの再開発を担うトラス橋はフェルナンデスの設計。トラスが明快で力強い空間をつくる［6.］。
デンマークのリトルベルト海峡に架かる吊橋では、本橋よりも連続する高架橋［7.］のデザインに心惹かれた。脇役ながらユニークな折板状の橋脚が並び、ケーブルの定着も地下に埋められ目立たない。

日本では橋の寿命を 50 年として設計されてきたが、今後は 100 年を超えることが目標とか。すでに 100 年を越えた現役の橋のひとつ、ニューヨークのブルックリン橋［8.］は初期の吊り橋の代表作で、御影石によって装飾された重量感のあるタワーと細やかに張られたケーブルが高層ビル群と不思議に調和する。もうひとつはスコットランド・エジンバラ郊外のフォース鉄道橋［9.］､北海の荒々しい風景を背景にした巨大なトラス構造物の迫力に圧倒される。列車で通り抜けても､船に乗って眺めても面白い。

1	2	3
4	5	6
7	8	9

1. サルギナトーベル橋、マイアール設計（スイス・シールス）
2. ガンター橋、クリスチャン・メン設計（スイス・ガンター渓谷）
3. ミヨー高架橋、ノーマン・フォスター他設計（フランス・ミヨー）
4. アーチ橋、オットー・ルドルフ・サルフィスベルク他設計（スウェーデン・ストックホルム）
5. サンクルー橋、マイケル・プラシディ他設計（フランス・パリ）
6. エウスカルドゥーナ橋、フェルナンデス設計（スペイン・ビルバオ）
7. 新リトルベルト橋、オステンフェルド & ジョンソン設計（デンマーク・リトルベルト）
8. ブルックリン橋、ジョン・オーグスタス・ローブリング設計（アメリカ・ニューヨーク）
9. フォース鉄道橋、ベンジャミン・ベイカー他設計（スコットランド・エジンバラ郊外）　（このコラムの写真、大野美代子撮影）

KATSUSHIKA HARP BRIDGE

かつしかハープ橋

明快な美しさ

かつしかハープ橋 Katsushika Harp Bridge 1986

東京の下町に広々とした河川空間をもたらす荒川、その東岸沿いを上流に延びる首都高速葛飾江戸川線の高架橋は、中川、綾瀬川との合流部でゆるやかなＳ字カーブを描いて対岸に渡っている。川を渡るその地点に架けられた大小のタワーをもつ斜張橋をデザインした。当時、Ｓ字にカーブする斜張橋はめずらしく、技術的にも難しいと大いに注目され、それだけに、美しい橋に仕立てようとデザイナーの協力が求められた。

周辺の河川緑地には運動公園が点在し、川沿いには集合住宅も多い。近景遠景を問わず広がりのある河川景観に映え、高速道路からもランドマークとなる、明快な美しさを目指した。

斜張橋の特徴であるケーブルの張り方にもさまざまな方法があるが、検討の末、ここでは細いケーブルを数多く扇形に張る方法を選択した。Ｓ字のカーブに沿って張られたケーブルが美しい曲面をつくり出すだけでなく、走行空間もわかりやすくする。また、タワーをすっきりと美しく見せるため、上部に向かって細くすることを提案した。これは側面方向のみで実現した。それまでのタワーは上から下まで寸胴であっただけに、まず形のうえで一歩前進、といったところだ。

河川敷は風の通り道でもある。風対策として主塔の上半分に制風板をとりつけることが必要となった。デザインの制約となるところを逆手にとり、タワー全体をカバーする形に置き換え、特色ある形状にした。

当初この道路橋の桁は、ピンクがかったコーラル色で決定されていたが、この斜張橋の軽快なイメージにそぐわない。タワーを含め白色系にするよう提案したところ、桁については湾岸部のブルーグレー色を河口からこの橋まで延伸することになった。けれど一度決定された色の変更はなかなか難しい。それでも担当者の熱意のたまものもあって、橋の前後を含め、スムースに連続した美しい景観を得ることができた。

The Arakawa River provides Tokyo's downtown with abundant riverside scenery. Standing on the eastern bank of the river are the viaduct of Metropolitan Highway's Katsushika-Edogawa Line, stretching in gentle curves to the other side of the river joining part of the Nakagawa and Ayasegwa rivers. The Katsushika Harp Bridge was built as the crossing section of the bridges with a cable-strayed design with towers of different sizes.

Sports fields were built at nearby river green spaces and there are many housing complexes along the rivers. For designing this bridge, we pursued simple beauty to look harmonious with the river front scenes from far and near locations as well as viewed as a landmark by passing expressway traffic.

We chose a method for applying many thin cables to spread out like a fan. The cables, stretched along in S-shaped curves, create not only beautiful rounded surfaces but also produce a more open driving space. A river terrace also serves as a corridor for wind. From the result of our wind tunnel test, we found the necessity for adding wind control panels on the upper half of the main towers to reduce wind speed for passing cars. What might have become constraints in design was used as an advantage for us to characterize the shape of the tower by covering the entire tower with the panels.

前ページ写真：荒川と中川、綾瀬川の合流地点に架けられた大小のタワーをもつ斜張橋。対岸からの眺めに加えて、河川緑地の公園や手前のトラス橋を渡る人々から間近に眺められるため、軽やかで美しい形を目指した

扇のように細やかに張られたケーブルの造形は曲線を描き、高速道路のドライバーから、刻々と変化して見える

荒川と合流する川の間には中堤といわれる堤防がある。高架橋はその上を上流側に向かい、綾瀬川対岸に渡る地点でＳ字形のゆるやかなカーブを描く

タワーの上部四隅に円弧状の制風板をとりつけることになり、それをとりこんでタワー全体をすっきりと見えるようにまとめた。タワーを支える橋脚の形状もシャープな斜張橋のイメージに合わせている

河川内の橋脚は流れの方向に沿わせるが、ここでは桁が川の流れに対し斜めに架かり、脚との納まりが悪い。そこで水中の下部は流れに沿う長円断面の脚とするものの、上部は方向性のない逆円錐台として桁を支えた

ODAWARA BLUEWAY BRIDGE

小田原ブルーウェイブリッジ

コラボレーションで挑んだ国内初の形式

小田原ブルーウェイブリッジ Odawara Blueway Bridge 1994

海際まで山のせまる小田原港。海岸線に沿うように通る西湘バイパスの延伸に伴い、その入口に架けられたのが小田原ブルーウェイブリッジである。小ぢんまりとした漁港であるが、魚市場を抱えているため、周辺には釣舟屋や商店など、低層の人家が連なり、週末にはレクリエーション客も多い。

この地にふさわしいコンパクトで魅力的な橋を目指し、日本道路公団（当時）が採用した国内初の構造システムが、エクストラドーズドPC橋だ。斜張橋と桁橋の中間タイプといわれる形式で、斜張橋よりもタワーがずいぶん低く、どちらかといえば桁橋に近い。当初はスイスのアルプス山中にあるガンター橋をお手本にスタートしたのだが、コンクリートでカバーされたケーブルがタワーと一体化した形状はやや、いかつい。アルプスには調和しても小田原の海を背景とするには重いのではという意見もあって、ケーブルを露出させ、軽快さを求めることにしたのだが、これは正解だった。

また、頭上の圧迫感をなくすため当初タワー上部にあったつなぎ梁を除くこと、タワーのケーブルの定着部をコンパクトにまとめるため、通常コンクリートに１本ずつ突き刺すように定着するケーブルをサドル形式のように連続させることなど、これらデザイナー側からの提案が技術的に可能となり、ケーブルがなめらかに連続して見える新しい構造形式にふさわしい形となった。

六角形断面で縦線を強調したタワーや、コンクリートの素材感とは対比的にFRP樹脂でカバーされたメタリックなケーブルなどのディテールは、シャープな造形のなかに繊細な表情をつくりだした。また照明を、投物防止柵の上部へライン状に埋め込むことで、構造の形式を活かしながらさわやかな夜景をつくった。

設計段階から施工段階にかけて、発注者・構造設計者・施工者の協議に参加し、構造から高欄などの付属物にいたるまで、デザイン面から検討を加えることができた恵まれたケースだった。今でも新幹線の車窓からこの橋をのぞむたび、当時の出会った人々の熱い空気を思い出す。

The port of Odawara is close to the hills. In accordance with extension of the Seisho Bypass that runs along the coastline, a new bridge was built at the entrance: the Odawara Blue Way Bridge. The port is a small fishing port that is surrounded by many low-story buildings such as fishing boat shops and other shops and becomes a place crowded with visitors on weekends as the port has its own fish market.

Seeking the most suitable bridge in a compact but attractive design, we adopted an extradosed PC bridge structure as the first in our country. This design is between cable-strayed and girder bridges, with towers much lower than those of cable-strayed bridges but somewhat closer to girder bridges.

To eliminate any oppressive impression from above, what we designers proposed became technically feasible. Usually cables are one by one fixed to concrete, but we wanted to make cables continuously connected like a saddle so we could make the cable fixture section look compact. Subsequently the cables were handled to look smoothly connected and appropriate for the new structure.

前ページ写真：小田原市西端の海際を走るこの橋は、東海道新幹線からもよく見える。市の求めに応じて、小田原港に市民の集まる週末や祭日にはライトアップを行っている

斜張橋とは異なり、エクストラドーズド橋はタワーの高さが低く、路面から高さ 10m と、照明柱と同じである。そこでタワーの形を際立たせるように、照明は両側の投物を防止する柵に組み入れた

ROUTE-135
たばこ
宝くじ

料金所 1km
TOLL GATE

売市場

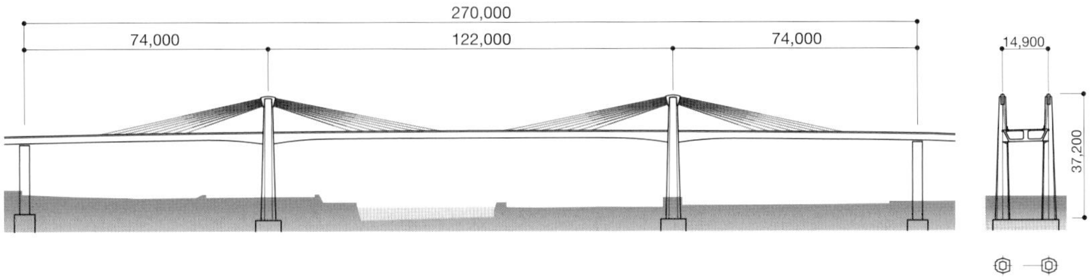

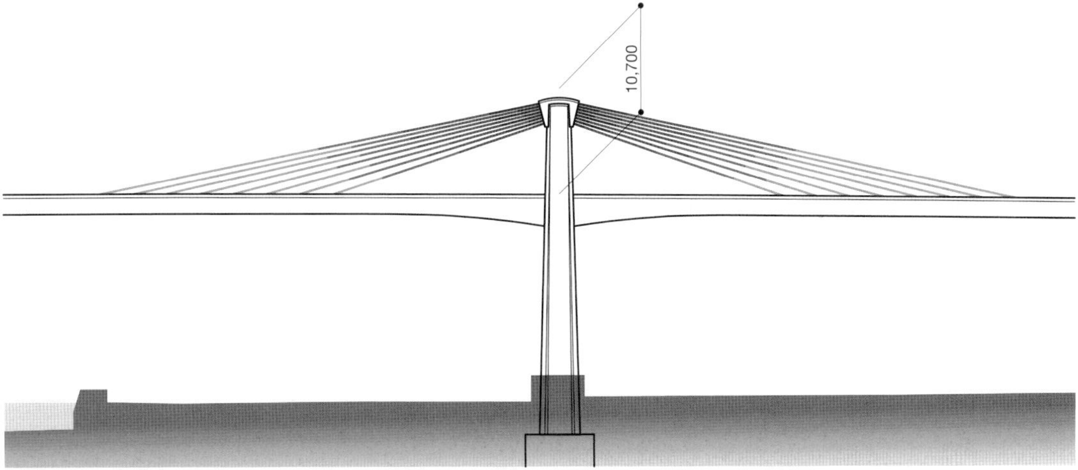

低いタワーの上方にケーブルを集める提案が実現し、低く滑らかに連続する形態が得られた。鈍重にならないようにタワーは六角形の断面とし、縦線を強調している

山の中腹から見下ろすと、海を背景に橋のシルエットが美しい。折しも新幹線が通過中

コラム
私が見てきた橋 —— 歩道橋

歩道橋は道路橋に比べると、形の自由度が高い。まず軽い。幅も狭く、その動線が直角に曲がるものもある。なかでもベネチアの運河を越える橋はすべて階段付きで、建築家スカルパ設計の美術館入口に架けられた小さな橋［1.］もなかなかシック。階段と踊り場のラインを側面に活かし、大小のアーチを組み合わせて支えるサンジョベ橋［2.］はユニークな外観をつくり、運河の風景を豊かにしている。スロープが彫刻のように美しいストックホルム郊外の橋［3.］は、コンクリートならではの造形である。

スペイン・ムルシャではカラトラバ設計のアーチ［4.］が、ユニークで楽しい歩行空間と共にさわやかな風景を創り、フェルナンデス設計の斜張橋［5.］がシンプルで緊張感のあるたたずまいを見せる。一方、シュツットガルトの公園周りにはシュライヒ設計の歩道橋が多いが、そのなかのシュロスガルテン公園とホテルを結ぶ吊り橋［6.］は、建物にケーブルを取り付けるタワーの役割を果たさせた大胆な発想である。

西暦 2000 年、ミレニアムを記念して架けられた 2 つの魅力的な歩道橋が、歩行がひきおこす振動に大きく共振し、一時閉鎖を余儀なくされた。ひとつはパリ・セーヌ川のソルフェリーノ橋［7.］、ミムラム設計のアーチであるが、水面に近い遊歩道とアーチ部をうまくつないでいる。2 つめはロンドン・テームズ川のその名もミレニアム・ブリッジ［8.］、フォスターデザインの吊り橋で低く抑えたケーブルのラインと橋脚が特徴的。2 つの橋は共に制振装置を取り付けて、通行が可能になったものの問題を残した。ロンドンの再開発地ドックランドのウェスト・インディア・キー橋［9.］は、両岸の桟橋に負担をかけないように考えられた水位の変化に対応する浮き橋。水面に浮かぶアメンボウのような形態が面白い。

1	2	3
4	5	6
7	8	9

1. 小さな橋、カルロ・スカルパ設計（イタリア・ベネチア）
2. 3アーチの橋、アンドレア・ティラーリ設計（イタリア・ベネチア）
3. ある歩道橋（スウェーデン・ストックホルム）
4. ヴィスタベッラ橋、サンチャゴ・カラトラバ設計（スペイン・ムルシャ）
5. マンテローラ橋、フェルナンデス設計（スペイン・ムルシャ）
6. 吊り橋、イェルグ・シュライヒ設計（ドイツ・シュツットガルト）
7. ソルフェリーノ橋、マルク・ミムラム設計（フランス・パリ）
8. ミレニアム・ブリッジ、ノーマン・フォスター設計（イギリス・ロンドン）
9. ウェスト・インディア・キー橋、フューチャー・システムズ設計（イギリス・ロンドン）　（このコラムの写真、大野美代子撮影）

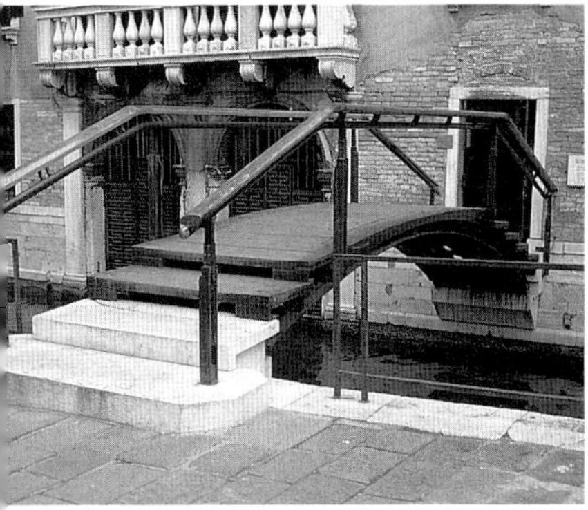

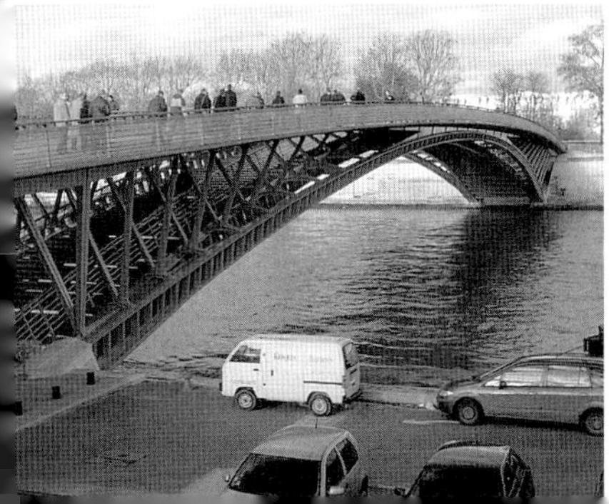

OHSUGI BRIDGE
大杉橋

シンプルなシンボル

大杉橋 Ohsugi Bridge 1994

東京都江戸川区を流れる新中川、その全面的な改修に伴い、11 橋が架け替えられることになった。大杉橋はそのひとつである。
整備計画上、橋は上流・中流・下流域の 3 つに分け、各グループ内でシンボルとなる橋の形式が設定されていた。上、下流域グループはアーチ形式、中流域のシンボルとしての大杉橋には斜張橋形式が求められた。
しかし、いざ、現地へ出掛てみて驚いた。周辺に高さ 60m もの送電塔が数基も連なっている。果たしてこの風景のなかで、斜張橋の特徴であるタワーがシンボルになりうるだろうか。一抹の不安がよぎった。
そこで、送電塔付きの地形模型をつくって、さまざまなタイプを検討していった。その結果、逆に斜張橋のタワーの高さを低く抑え、左右対称のシンプルな三角形でまとめることで差別化を図ることにした。道路を挟んで両側にあったタワーは、江戸川区のアドバイザーの篠原修氏、三木千壽氏のアドバイスを受けて 1 本に単純化することで、逆三角形の塔頂にケーブルを集めた明快な形が得られた。だがこの橋は 2 車線の道路橋で、車道の中央にその 1 本タワーのスペースがとれない。そこで片側の歩道を広げた上にタワーを立て、偏心させている。
タワー周辺には角度のゆるやかな大きな三角形のバルコニーを張り出し、スツールを置いた。散歩の途中に気軽に立ち寄れるスペースをしつらえている。
そんな経緯を経て完成したシンボル橋を、夜間も美しく見せたい。中島龍興氏の協力で行った照明計画では、タワーの形状を損なう一般的なポール照明ではなく、灯具はすべて高欄や横断防止柵に内蔵させ、光のみを見せることとした。一方、タワーとケーブルの定着部には投光照明を内蔵している。
完成後、地元主催の開通式に招かれた。左岸では開通式、右岸の小学校ではパーティ、と会場が分かれ、大勢の住民が参加する和やかなものであった。橋は単に道路としての役割だけでなく、両岸のコミュニティを結んでいることを実感したものである。

The Shin-Nakagawa River runs through the Edogawa Ward of Tokyo. Along with all the repair work of the river, a rebuilding of Osugi Bridge, which is a landmark at the middle section of the river, called for using a cable-strayed bridge design.
However, with 60-meter-tall power transmission towers in the vicinity, we decided to lower the height of towers of this cable-strayed bridge and design it in symmetrical and simple triangles so that the bridge could be visibly distinguished.
We added balconies of obtuse-angled triangular shape around the tower installing a number of individual seats in them so that people could relax and take a break during their walk.
For better night views, all lighting fixtures were concealed inside either the bridge railing or pedestrian safety barriers so that only light would be visible.

前ページ写真：数本の送電塔とも近接するが、タワーの高さを抑えて共存している。夜間はタワーとケーブルをライトアップ、シンボル橋にふさわしい夜景を演出

橋の形式は斜張橋。緊張感のあるシンプルな三角形を基本に全体をまとめた。高欄も同様

新中川中流域のシンボルとしての役割
を果たす、明快な形態を求めた

橋の上にはバルコニーを設け、石材のスツールを置いた。橋からの眺めも良く、散策を楽しむ人も多い。

TSURUMI BRIDGE

鶴見橋

広場のある橋

鶴見橋 Tsurumi Bridge 1990

広島市の中心部を東西に貫く平和大通り。緑豊かで、幅 100m、長さ 4km もの堂々たる大通りは線状に連なる公園のようでもあり、平和公園とともに広島市のシンボルである。鶴見橋はその東端、比治山のふもとを流れる京橋川に架かる。さしずめ、平和大通りの東のゲートといったところだ。

そこで橋と平和大通りをスムーズにつなぐべく、大通り側の橋詰に大きな広場を提案した。車道を挟み、半円形を向き合わせた橋詰広場は、大通りで行われるパレードの出発点にふさわしい「たまり空間」とも、東側の比治山芸術公園へのアプローチ空間ともなろう。橋と広場を一体的にデザインすることで、東のゲートに合ったスケール感が得られた。また、水辺におりる階段も設け、大通りと橋、そして川とを積極的につなぐ空間とした。

当時、橋の構造では鋼板など板状の鈑桁が一般的だった。車道と歩道が同じ高さの桁で支えられ、側面から見ると重く、武骨に見える。これに対して鶴見橋では、外側から目立つ歩道部の改良を提案した。車道部では従来通り鈑桁を用いるが、歩道部は小さな箱桁とブラケットを組み合わせて軽やかに張り出す。結果、薄い床版の端部のみが目立ち、高さのある桁は奥まって目立たなくなる。シンプルな側面の水平ラインを引き立てるべく、高欄や照明も、橋との一体感を考えながらデザインした。

橋上も、周辺の風景を眺めながらゆったり歩けるよう、さりげないトーンのなかにもおおらかで豊かな表情を求めた。高欄には花崗岩と鋳鉄を中心に用いた、橋詰広場の半円形の縁取りも、植栽枡（プランター）を兼ねた石材のロングベンチとしている。

広島は太田川のデルタ上に発達した街である。そのため平和大通りは太田川から分かれた５本の川を横断し、５つの橋をもつ。そのなかにはイサム・ノグチによる高欄のデザインが有名な平和大橋もあり、大勢の観光客が行きかう。その東端の穏やかな風景のなかで、鶴見橋にはゆったりと時を刻んでいって欲しい。

Heiwa Odori Avenue runs from east to west through the center of Hiroshima City. This is a magnificent street with lush greenery and as wide as 100 meters and extends as long as 4 kilometers. The avenue is regarded as a symbol of Hiroshima. The Tsurumi Bridge spans the Kyobashi River at the foot of Mt. Hijiyama at the end of the avenue. The bridge is an eastern gate for Heiwa Odori.

With that locational characteristic, we proposed a large size plaza at the end of the bridge on the avenue side for smoother connection between the bridge and the avenue. The plaza with the facing two semicircles, allowing a driveway to go in between, could be used as the starting point for the annual parade on the avenue as it can offer ample space for standing and sitting. The plaza could be an approaching space to Hijiyama Artistic Park at the eastern side. By designing the bridge and the plaza so that they will be integrated, it was possible to realize a size of scale appropriate as the eastern gate. We also created steps reaching to the riverbed, producing another space to connect the avenue, the bridge and the river.

前ページ写真：鶴見橋は広島市の京橋川に架かる。橋詰の広場を介して手前の平和大通りや川面、あるいは川沿いの道につなぐ

平和大通りは中央に道路、両側の緑も豊かな幅 100m、東西約 4km の広島市の軸をなす道路。鶴見橋はこの堂々たる平和大通りの東のゲートである

上：半円形を向かい合わせにした広場は異なる空間をつなぐとともに人の溜まり空間にもなる。外側を縁どる植栽マスはロングベンチを兼用

下：広場から川面におりる階段を設けている

上:完成後20年を経過すると、橋もすっかり地域の風景に溶け込み、橋のたもとでくつろぐ人の姿が見受けられた

下：歩道部をブラケットで張り出し、側面を軽やかに見せている。橋脚には縦線のテクスチャーをつけて，潮の干満による汚れを目立たなくした

上：橋を渡る人の間近に見えるのは高欄。ゆったりと寄りかかれる花崗岩の笠木と鋳物の柵を組み合わせて、平和大通りにふさわしいおおらかで格調の高いデザインとした

下：広場の背後の道も緑で縁取られ、豊かな表情を見せる

広場を囲むベンチに緑陰をもたらす樹木。開通直後に空撮した 108-109 ページの写真では小木であったが、20 年の年月を経て大きく成長している

JINGASHITA VIADUCT
陣ヶ下高架橋

自然環境との共生

陣ヶ下高架橋 Jingashita Viaduct 2001

横浜といえば“港”のイメージが強いが、この橋は緑豊かな丘陵地にある陣ヶ下自然公園を通り抜けている。横浜市のなかでは貴重な自然の植生や地形の残された場所であり、地元の人々からも「陣ヶ谷」と呼ばれ、親しまれている場所だ。

そこに、４車線の両側に歩道のある道路橋を通すこととなった。周辺の豊かな自然環境といかに共生するか、それがこの橋の最大の課題だったことは言うまでもない。４車線一体の道路橋は幅が広いため、斜面の続く地形になじみにくいうえに、橋の下には光も差し込まない。そこで２車線ずつ分けてそれぞれを斜面に沿わせ、そのうえ、左右に広げて中間に樹木を残した。橋も２本になったが細くなったため、雨水や光が橋下に届く。

また、散策路から木の間越しに眺められることを意識し、樹木に溶け込むようなコンパクトで有機的なイメージを描いた。一方でスムースに橋下を通り抜けやすい、親しみやすく触覚的な空間づくりも心掛けた。桁と橋脚を滑らかな曲面で一体化したキノコのような柔らかな形状（ピルツ構造。ドイツ語でピルツとはキノコのこと）を提案したのである。模型では形づくることができたが、実現にあたっては、曲面の桁裏面にキノコの形をいかに連続させるか、その型枠づくりが難しかったようだ。最終的にはスギ板を曲げた型枠を用いて、三次元の曲面をうまくつくることができた。そのおかげで豊かな桁下空間が得られたし、スギ板の木目が転写されたテクスチャーが、周辺の自然環境とのなじみをよくしている。

橋の上も、照明を組み込んだ透明な遮音壁など、周辺の樹木を活かしたデザインを意識し、通行する車にとっても樹木に囲まれた快適な走行空間となった。

今や、自然環境との共生は、橋をつくるときの重要なテーマになっている。それをいかに実現するか、この橋づくりはその解決方法の一例になっただろう。

This viaduct runs through Jingashita Shizen Koen (nature park) on the green hills in Yokohama.

The biggest challenge was how to harmonize the bridge with the natural environment of the park. Due to the width, a four-lane road bridge would have been difficult to fit to the geography with a continuous gradient. In addition, such a design would change the sunlight below the bridge into shade. Given these conditions, we designed a bridge separated into two sections with two lanes each to run alongside the hills while the two sections were divided as wide as possible by trees in between. This resulted in constructing two bridges but as each bridge became narrower rainwater and sunlight could penetrate below the bridge. We sought a compact, organic image for the shape of the bridge so that it would be integrated into the trees. We proposed a softer shape like a mushroom by combining the beams and columns. This is a Pilz structure.

前ページ写真：橋を２本に分けて離すと雨水や光が橋の下にも届くため、中間に残した樹木とともに下草も育っている

散策路から身近に見えるが、桁と橋脚を一体化したやわらかな形は、圧迫感をやわらげ、樹木にも溶け込みやすい

上：幅の狭い杉板を曲げた型枠を用いて、難しい三次元の曲面がつくられている

下：杉板の木目の転写されたテクスチャーには、ツタも登りやすい

上：上下線の中間に残された樹木は、橋の上にも緑豊かな走行空間をつくる

下：上下線に分け、傾斜地の地形に沿わせてなじませている。桁と脚を滑らかにつないで、キノコのような形のピルツ構造とした

コラム

デザイナーになったきっかけ

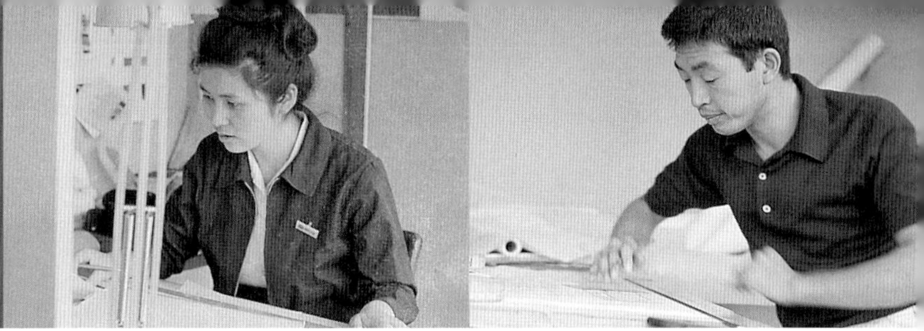

こどもの頃から絵を描いたり、本を読むのが好きだった。高校まで岡山市で育ったため、倉敷の大原美術館によく出掛けたものである。特に印象に残ったのはマチス展、南仏の礼拝堂のステンドグラスの下絵として、壁面高く張られた原寸大のカラフルな切り絵にいたく感激した。そのでき上がる空間をイメージしてか、しだいに建築に興味をもつようになり、早稲田大学建築科を受験しようとするが、技術者だった父親の反対に遭う。当時は女性が建築現場に出入りしにくい状況であったため、もうすこし細やかなことをやれというのである。

恩師・剣持勇氏

デザイナーを志して多摩美術大学に入学したが、建築に近いからとインテリアデザインのコースを選択する。そこで教授の剣持勇氏に出会う。日本のインテリアデザインの頂上に立つ仕事をしながらの授業である。日本の民間のやや土俗的なデザインから、ヨーロッパやアメリカの先進的なデザインまで深く洞察したうえでの彼の仕事ぶりは、私たちにとって何よりの教科書だった。名作といわれるデンマークのウェグナーやアメリカのイームズの椅子を持参してくださり、実測して原寸図を描いたことや、立体の飛行体、いわゆる凧の課題は印象に残っている。全員一列に校庭に並び、一斉に作品を持って走る。空中に揚がらなければ採点外で、機能を備えた上での美しさが求められていた。
卒業にあたって、就職の相談をしたところ、新しくできた松屋のインテリアデザイン室へ推薦してくださった。その後、デザイナーとしてプロを目指そうと留学生試験を受けたときにも、行き先はスイスが良いとアドバイスをくださった。ヨーロッパの中心にあって周辺の国々の文化を比較しやすく、当時すでに生活の文化的レベルが高い、デザインは暮らし方にかかわるのだから…とのアドバイスはいまでもよく憶えている。私のデザインの方向性に大きな影響を与え、折々に貴重なアドバイスをしてくださった、まさに恩師である。

机を並べた倉俣史朗氏

私が入社した松屋のインテリアデザイン室は新設されたばかりで、〈ガマいす〉で有名な松村勝男氏のリードのもと、デザインを大切にしながら、少人数のアトリエ的な雰囲気があった。家具のデザインからホテルのインテリアデザインまで、短期間であったが多くの仕事を経験した。特に、1年間であったが倉俣史朗氏と毎日机を並べて仕事したことは忘れられない。図面の描き方ひとつ、すべてのものに対して美しさにこだわる一方、とてもいたずら好きな楽しい人で、松屋の近所にあったおもちゃ屋金太郎のごひいきであった。

その彼があのような偉大なデザイナーになるとは…！。次々と空間に、椅子などの小品に、素材や工法の常識を打ち破り、まったく新しいイメージをつくりだす創造力の豊かなデザイナーであった。
その後、私の橋の仕事を見て、熊本アートポリスをプロデュースする磯崎新氏に紹介してくださり、鮎の瀬大橋をデザインするチャンスに出会ったのである。

ともに橋を眺めた柳宗理氏

留学生試験をパスし、ヨーロッパに旅立つ前にお訪ねしたのは、当時からプロダクトデザイナーとして国際的にも活躍していた柳宗理氏だった。その際、最後に思いがけず橋の資料を集めてもらえないかと頼まれた。当時の八幡製鉄に歩道橋のデザインを依頼されたそうである。そこで、兄の住むドイツのデュッセルドルフに最初に到着した折、そこにあった鉄鋼協会から橋の資料を２部取り寄せ、１部お送りすることにした。その資料を眺め、橋にもデザインのあること、そしてその美しさを知ったのである。やがてドイツに柳氏が立ち寄られたことがあり、一緒に車でオランダへ出かけた。日帰りの急ぎ旅にもかかわらず、道中、橋の写真を撮ったことは懐かしい思い出だった。帰国後、橋のデザインに興味をもったきっかけである。

インテリアから都市まで

スイスではチューリッヒのオットー・グラウス建築設計事務所に勤めたが、これも日本でドイツ語を教えて下さった建築家のブリギッタ・ドルチさん、彼女の友人でスイスの建築家、アンドレ・シュテューダー氏の尽力による。当時のスイスでは大手事務所で、街なかの一軒家にスタッフは 50 人程、コンペに何度も勝ち、大規模な仕事も多かった。私の最初の仕事は『高層建築と都市デザイン』の本づくりだった。世界各地の有名事務所から送られて来る図面をトレースしながら手で覚え、休暇中に地域の風景のなかに実物を見る。私にとっては建築と都市空間とのつながりを体に刻み込む、貴重な経験だった。そのほか住宅やホテルのプロジェクトで、暮らし方とインテリアデザイン、そして建築との関係についても体験しながらも、一方で日本の生活文化を外側から眺めるチャンスでもあった。
そして 1971 年、エムアンドエムデザイン事務所を表参道に設立。思えばすばらしい人々との出会いに恵まれてのスタートだった。

前ページ左：松屋デザイン室時代の大野
前ページ右：同　倉俣史朗氏
下：オランダの高速道路で眺めたアーチ橋（大野美代子撮影）

MEGAMI BRIDGE
女神大橋

長崎港のゲート

女神大橋 Megami Bridge 2005

長崎港は別名「鶴の港」と呼ばれているが、その意味は定かでない。丘陵地を南北に細長く、しかも奥深く切り込んだ特殊な地形で、私には港の形そのものが鶴の首のように見える。第二次大戦の終結まで、軍港としての歴史を刻んできた長崎港だが、この閉鎖的な地形が軍事機密を保つうえでも適していたのかもしれない。現在では西面が、軍艦ではなく大型客船の造船所となっていて、奥まった市街地との接点に、離島へ向かう航路の発着所と水辺公園がある。

その細長い港の入口に向かう公園の軸線上にあり、正面に見える女神大橋はいやおうなしにシンボル性をもつ橋である。長崎港のシンボルとして、また出入りする船にとっては港のゲートとして、軽やかでしかも明快なフォルムを求めた。

橋は、港の先端の女神地区と木鉢地区を結んで架けられたが、大型客船の航路を確保するために、水面から桁下までの高さ 65m、中央のタワー間隔は 480m、橋の長さ 880m という大きな斜張橋形式が選択された。これは同じ形式の横浜ベイブリッジより 20m 長い。

横浜ベイブリッジの桁は二層の道路のためトラス桁であるが、女神大橋は一層の箱桁で、軽快な水平ラインを描いた。一方、タワーは H 型を基本としつつも、横浜では実現できなかった五角形断面とし、スレンダーに見せている。港内からはもちろんのこと、取り付け部に国道もあり、近接する視点が多いからである。

道路橋には歩道も付いていることから、橋の上から港内を眺める格好の見晴し台にもなった。

歩行者の手の触れる高欄や、歩道から見上げて眺められるタワーのディテールにも工夫ができた。それが照明デザイナーの富田泰行氏によって計画されたライトアップの効果を高めている。

以前テレビで、横浜ベイブリッジの下をすれすれの高さで通過する豪華大型客船入港のシーンを見かけた。偶然にも、長崎港内で製造された船であった。女神大橋の下を通過して横浜に向かったかと思うと、橋の縁を感じる。

Nagasaki Port is built on peculiar geography as it is between hills and stretches long and deep in the north-south direction. Currently the western side is a shipyard for building large-sized passenger ships; a ferry terminal to the nearby islands is at the end of the port closer to the city. This bridge was built to connect the Megami and Kibachi districts at the tip of the port. To allow navigation for large-sized passenger ships, the selected design was a large cable-strayed bridge with a clearance of 65 meters from sea level to the bottom of the beams and a distance of 480 meters between the center towers and with a total length of 1,000 meters. Incidentally, this bridge is 20 meters longer than Yokohama Bay Bridge, which is the same type. The bridge stands on the extension of the axis line of a park toward the entrance of the long strip-shaped port. As the bridge can be easily seen in front of entering marine traffic, it should be naturally regarded as a symbol for the port. As the symbolic structure as well as the gateway for ships coming in and out of the port, we looked for a lively, clear-cut form for the bridge.

前ページ写真：丘陵地の奥深く水面の続く長崎港の入口，港によって分断された背後に造船所のある木鉢地区（左側）と、女神地区（右側）を結ぶ。両岸の際に建てられたタワーから、ケーブルで桁を吊り下げた斜張橋である

女神側では、国道沿いにタワーが建っている。タワーの断面を五角形にして折れ線で陰影をつくり、タワーをスレンダーに見せた

上：橋の上からの見晴らしは抜群、港の内外ともに美しい風景が眼下に広がる。歩道を安心して歩けるように、高欄の高さをやや高くした

下：女神地区側には高架橋が連続し、脚元は港を縁取る道路から橋への登り口になっている

港の奥にある船の発着場から、五島列島などの離島へ向かう多くの船が通過する、長崎港のゲートである

橋の 2km 程手前に新しく公園が突き出され、さらに手前には船の発着場、どちらからも橋は正面にシンボリックに見える

港内の造船所で建造される大型客船のためにタワーの中間に幅480m、高さ65mの航路を確保、スレンダーで控えめな形態としたものの、港のランドマークとなっている

両側のタワーを頭上で結ぶ横梁も、杵型にして中央を細くし、圧迫感をやわらげた

海上高く走る道路は、片側 2 車線、
計 4 車線で両側に幅 3m の歩道付き

高台にあるホテルから見える長崎港の夜景。女神大橋が風景に奥行きをもたらし、全体をひきしめる

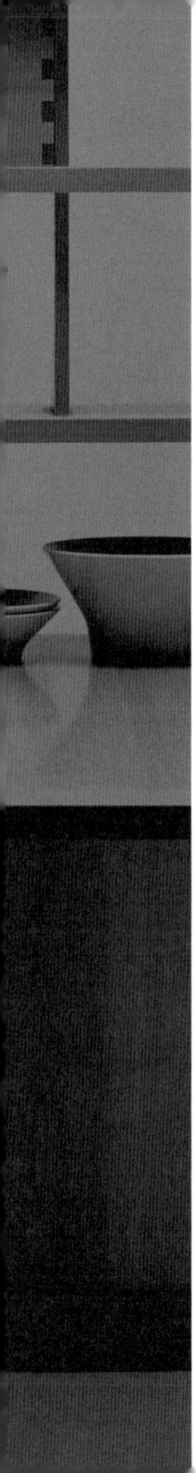

コラム

原点としてのインテリアデザイン

スイスに滞在中、スキーで怪我をして入院する羽目になった。ところがそこの病院の美しさや快適さに心を奪われ、デザインに興味をもった。帰国後、幸いなことに、老人病院や精神病院のインテリアデザインの仕事が舞い込んできた。

精神病院の建て替えに取り組んだのもひとつ。初めて訪れた時には、格子のはめ込まれた窓や、殺風景な病棟に身につまされる思いをしたのを憶えている。

精神科の治療は患者の社会復帰を目標にしているが、薬物療法とともに日常生活そのものが療法のひとつとして重視されている。そこで患者が日中過ごすデイルームに重点をおいて、医療チームと相談をしながら、生活のさまざまな行為を誘発するスペースをつくった。45m×15mの大空間に“いかにも病院”的なイメージを避けた木製の家具、畳床のようなしつらえやベンチなどを置いた。雪の深い東北地方の冬の暮らしにも配慮している（141ページ写真）。

前述のインテリアデザインは特定の空間のデザインであるが、一般のユーザーを対象にする家具のデザインも依頼された。たとえば食事に用いられる家具、スイスでの経験をふまえて、ヨーロッパのものとは異なった日本の暮らしにふさわしいダイニングテーブルづくりに挑戦した。日本の食事はヨーロッパの食事とくらべると料理は多種多様で、それに伴い食器の種類も多い。そこで食器から海苔や佃煮などの嗜好品まで収納する棚付きのダイニングテーブルを考えた（142ページ写真）。上部に棚をのせて部屋を間仕切ることもできる。

インテリアデザインは、日々の暮らしを快適に過ごすための環境づくりである。住まい、仕事をするオフィス、道中の駅舎や車内、買い物や食事をする店舗や娯楽施設、学校や市役所、そして老人ホームや病院など、個人的な生活から社会的な活動の場まで多様なスペースづくりに携わっている。人のスケールや動作、視覚や触覚といった感覚、広さの感覚、光や空気、温度など人が暮らして行くうえで必要な基本的なものから、空間にさまざまな機能や性格を組み込んで用途を変化させ、新しく魅力的な空間を創りだすことまで、柔軟な発想が求められている。

私の場合、インテリアデザインは人の直接触れる椅子にはじまり、次に生活空間を創り、建物の外へ、都市のなかにその生活空間をつないでいったといえる。私の仕事の原点はここにある。

木製の家具による精神病院のデイルーム。病院らしくない住宅に近い暖かいイメージをつくる（1976 年）

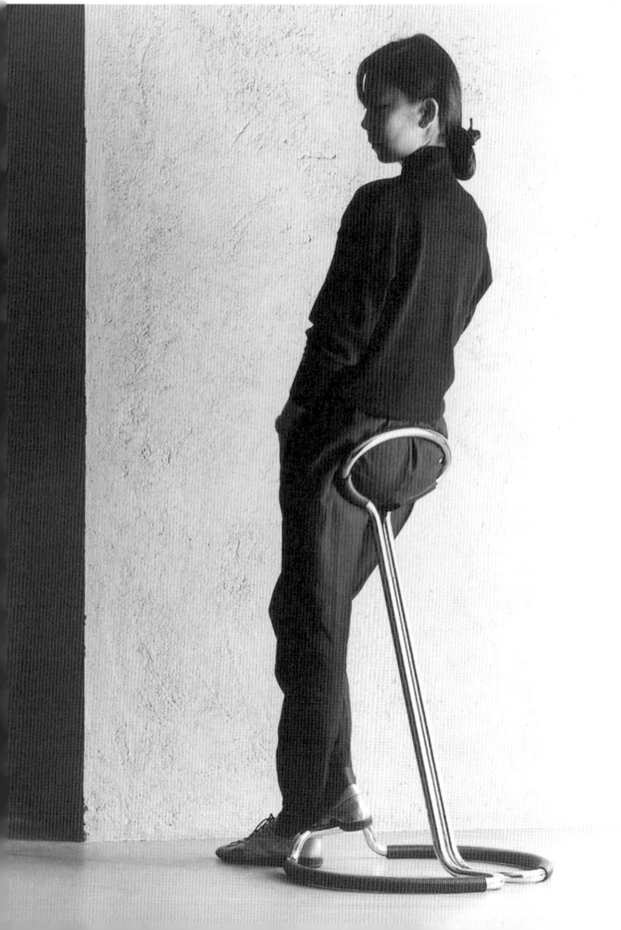

左：立った姿勢で軽く寄りかかる椅子。パイプの一文字書きで腰を支える（1988年）

上：精神病院の作業椅子が転じて松材で製作され、キッチンやアトリエ、リゾートホテル用と化した（1977年）

下：檜材の棚付きのダイニングテーブル。棚には手元に必要な小皿や海苔、佃煮などの嗜好品を収納できる（1972年）

前ページの棚付きダイニングテーブルに棚を重ね、間仕切りを兼ねたもの（1972 年）

mm《ミリ》から km《キロ》まで——
大野美代子のデザイン
対談・藤塚光政

部屋の中に納まらないスケールの人

藤塚　初めて会ったのは、「JAPAN INTERIOR DESIGN」（月刊誌）の撮影だったよね。

大野　当時在籍していた銀座松屋のインテリアデザイン室の展覧会でお会いしたのが、確か 1964 年頃。その後、私がしばらく留学していたスイスから戻ってきて、独立後に手がけた精神病院のインテリアや、ダイニングテーブルの取材で再会して以来ずっと長いお付き合いですね。

藤塚　でも、当時から部屋の中のスケールの人ではないなと思っていた。グランドキャニオンが似合うよ、土木橋梁のほうが合っている（笑）。

大野　そうね……（笑）。当時からよく「男っぽい」と言われました。

藤塚　男よりもね（笑）。守備範囲はインテリアから橋までというのが、大野さんのすごいところだよ。mm《ミリ》から km《キロ》までデザインできるんだから。

時間を切りとる写真〈蓮根歩道橋〉の衝撃

藤塚　僕が橋に興味をもつようになったのも、もとはといえば、大野さんの橋を撮影し始めたおかげだね。

大野　土木というと、人が写っていない「竣工写真」が多かったなかで、藤塚さんは人の動き、触感、空気のようなものを撮ってくれました。その最初の写真が〈蓮根歩道橋〉。人の暮らしが見えてくる写真、それがとてもよかったなと思う。私が考えていることを的確にとらえてくれるし、私のイメージ以上に魅力的に撮ってくれる。あの写真は土木の世界に衝撃を与えたんです。国際的に仕事が評価されたのも、写真の力が大きいと思うんです。

藤塚　橋はできるまでに相当長い年月がかかっているし、長い間使われるものだから、どう使われるか、あるいは巨大なのでどう見えるかが大きな問題で、社会的責任もある。そういう意味では、橋は単なるハードウェアとは違うし、伝え残す写真にも責任がある——いつもそう思いながら撮ってるよ。

大野　それまでの竣工写真のように三脚を構えてアングルをがっちり決めて撮るのではなく、藤塚さんは歩きながら 35mm の小型カメラでバチバチ撮るから、そういった橋の使われ方や人の動きが撮れるのだと思う。まさに生気を吹き込むような写真だから、見る者に感動を与えるんでしょうね。

藤塚　もういいよ、そんなにほめなくて（笑）。まあ、ひとつ言えることは、写真はフレームで空間や時間を切りとるものだから、止めた時間の前後や、切りとられたフレームの外を感じさせたいとは思ってるね。だから、フレームの中に人や車、あるいはそれらの影などが入りかけていると、捕食動物みたいに無意識に身体が動いて、シャッターと連動するようになっているのかもしれない。
大野　藤塚さんに撮影を頼むときは、橋のコンセプトは話すけれど、「どんなアングルで」とは一言もお願いしたことがないですね。
藤塚　まともな建築家やデザイナ－は、そんなこと言わないものだよ。言わないからこそ、こちらは全力を尽くさないわけにはいかなくなる（笑）。
大野　言わなくても汲み取ってくれるというか、そういうすごみをもっているから、逆に「ここから撮って」なんて言えないのよ（笑）。今でも思い出すけど、〈鮎の瀬大橋〉の模型を撮影したときはすごかったわね。1/500 模型を実際の現場に置いて撮ろうということになって。絶壁から模型を空中に張り出して撮ると言うから、作業する女性スタッフの腰にロ－プを巻いて、私がその端を持ってアンカーになって撮ったのよね。でも、その後完成した橋の写真が、模型写真そのままで驚いた（笑）。
藤塚　「なんか見たことあるなぁ」とふたりで笑ったね。「既視の風景」だよ。

1/500 模型を絶壁から突き出して撮影。
背景の山は現地のもの

構造物がつくる風景 ディテールから遠景まで

藤塚　ロバート・サウジー（Robert Southey, 1774-1843）というイギリスの詩人が「人間がつくり出すもののなかで、橋ほど景観に溶け込み、自然の美しさを引き立てるものはない」と書いている。自然は見て感激してもすぐに慣れて飽きちゃうけれど、そこに美しい構造物があると、途端に景色が深くなるんだよね。建築や灯台もそうだけど、特に橋はそんな力があると思うなあ。長崎の〈女神大橋〉も湾内から見ると、橋が架かったことで新しい風景が生まれ、サウジーが言うように自然を引き立てている。外海から見ても長崎のシティ・ゲートになっているしね。撮影も陸海空と立体的で、コレ戦争だよ（笑）。
大野　港の中に大型船を建造する造船所もあってダイナミックだけれど、離島に向かう小さな船も行き交う、とても面白い風景。橋は遠景として眺められるばかりでなく、場所によっては間近に見えるから、タワーの断面を五角形にするなど、繊細にディテールを考えたんです。
藤塚　ちょっとしたディテールで大きく印象が違ってくるから、そこはやはりキロからミリまでデザインできることが大事なんだな。いろんな意味で大野さんは橋の世界に行ってよかったよね。橋の業界にとってもよかったし。そうそう、〈女神大橋〉は〈横浜ベイブリッジ〉よりもスパンが長いんだって？　細く、薄く、軽く見えるよね。
大野　そう、スパンも長いし、〈横浜ベイブリッジ〉は高速道路と国道の重なるダブルデッキになっているのに比べ、〈女神大橋〉は県道のみのシングルデッキだし、デザインもスレンダーにしているんです。それは港の入口の閉鎖感をやわらげるためだから。

水辺公園の正面に見えるスレンダーな
デザインの〈女神大橋〉

藤塚　話を聞いてると、つくづく橋が好きそうだね。
大野　そうかもしれない。やはり好きでないと続けていけないから。
藤塚　父上の技術屋としての血が流れているのかな？
大野　精神的にもタフですね。だから、ほとんど男性で占められた土木の世界にいられたんじゃないかしら。それに、持ち前のある種のおおらかさは、あってよかったのかなと思う。あまり小さなことにこだわってしまうとピリピリしてしまうでしょ？　橋は大勢の人でつくる協働作業だから、その人たちが納得できる範囲で仕事をしていければいいと思ってます。
藤塚　橋は大野さんの性分と感性にちょうど合ったものなのかもしれないね。繊細と寛大、微細と巨大。
大野　ただ、横浜の〈前田橋〉をデザインしたときには、地元から「龍をあしらいたい。色は中華街の目印になる赤にしたい」と言われて、さすがに閉口したのね（笑）。それでもなんとか、他の人がつくった龍を円盤状にして親柱に取り付けたり、風景に溶け込めるように赤と焦げ茶を組み合わせて、デザイン的に違和感のないように納めたけど……。
藤塚　やはり、すり合わせ能力とセンスがないとできない仕事ではあるね。自己満足では済まないから。
大野　でも、あの橋には後日談があって、知らない間に赤い橋がブルーに塗り変わってしまったけどね（笑）。

橋の魅力 望まれて生まれる橋

藤塚　橋の仕事は広大な敷地に行ってイメージしなきゃならないから、スケール感覚を問われると思うけど、慣れるものなの？
大野　慣れもあるかな。とはいえ、地図を見て、敷地を見て、ラフな図面にして、模型をつくって……ということを積み重ねたうえで、イメージやアイデアを引き出していくんです。いきなり長い橋のスケッチは描けない。
藤塚　長く見てきているけれど、大野さんの橋の仕事はどんどん大きくなる一方だよね。なにしろ、大きな橋づくりには10年はかかるから、10年前と今は違うと言って、途中で簡単にデザイン変更はできないでしょう？
大野　かつて橋の寿命は50年と言われたけれど、今や100年と言われていて、それはいいことだと思う。ファッションと違って、橋のデザインはなかなか変えられるものではないので。それに、橋はデザイン上、制約があることが多く、自分がたずさわる前に何年も調査されているから、すでにルートや構造形式が決まっている場合、あとで変えることはできないんです。そこで何がデザインできるか、毎回答えの出し方は違いますね。
藤塚　仕事をしたなかで、いちばん好きな橋は？
大野　やはり印象に残っているのは〈鮎の瀬大橋〉かな。いろいろな物語のあった場所だし。中身の濃い内容を、担当した県の職員や現場の人たちとのよいチームワークで実際の形にできて、地元の人たちも喜んでくださった。

藤塚　鮎の瀬の対岸の集落は、町役場や病院に行くにも、以前は谷を下るのに30分、急流を越えて上りに30分、そこから2時間の道のりだったからね。担架に載せた病人を運んだこともあっただろうし、車社会になっても20キロの遠回りだったと聞いたよ。開通のときに「悲願達成」なんて垂れ幕が掛けられているのを見て、谷川を渡るとき「ここに橋があったら」と人々が宙に描いていた、目に見えない橋があったんだなと思った。ああいうふうに喜ばれる橋っていいよね。橋の仕事は「望まれてつくる」ところがいい。貴女は強い人には鬼だけど、弱い立場の人に優しいから適任かな（笑）。

大野　私は橋を架けようと計画したわけではなくて、いわば最後に形として仕上げたに過ぎないのに、地元のおばあさんに「生きてるうちにつくってくれてありがとう」って頭を下げられて、本当に必要だった橋をつくれたんだなと思いました。

1999年8月4日、〈鮎の瀬大橋〉開通式。
橋の上で完成を喜ぶ人々

藤塚　建築と違い、橋は構造がそのまま形に表れるところもいいよね。そこが、僕は橋が好きな理由のひとつでもあるわけだけど。それに、橋は文学や映画にあるように、偶然の邂逅や別離の場所ともなる、人の情感にふれる物語性を含むから、単なる巨大構造物とは違う気がするな。

大野　たしかにそうかもしれない。

藤塚　これからつくってみたい橋というのは？

大野　今まで、高度な技術に支えられたメタルやコンクリートのさまざまな形式の橋をデザインしてきたので、逆に木材や石など自然素材を用いた、素朴でローテクな橋に興味がありますね。テレビで見た古い映画でしたが〈戦場に架ける橋〉は、イギリス人の捕虜たちが列車を通すためのかなり大きな橋をジャングルの中の河に木材で建設する話で、できた橋には〈フォース鉄道橋（79ページ）〉のような迫力がありましたね。もっと小さな橋で良いのですが、その地域で手に入る木材や竹などで地元の人たちとつくれるような、一風変わった橋がいくつかできれば楽しいでしょうね。

藤塚　あっ、それは面白いね。自分の身体を動かしてつくりながら考え、問題を解決していくのは、子供の頃に小屋をつくった時と同じだね。その時はぜひ声を掛けて、僕、手伝いにいくよ（笑）。そしてもうひとつ、僕は大野さんのデザインした橋がいつか外国に架かったらなぁと思っているんだ。

2009年6月17日、エムアンドエムデザイン事務所にて

写真撮影
144ページ：スワミヤ
145、146ページ：藤塚光政
147ページ：エムアンドエムデザイン事務所

作品データ

鮎の瀬大橋（熊本県上益城郡山都町）
事業主体：熊本県
構造設計：中央技術コンサルタンツ
施工：住友建設・佐藤企業 JV
用途：道路橋（歩道付）
構造形式：PC 斜張橋＋ PC ラーメン橋
規模：長さ 390 m／幅 8m
鮎の瀬大橋技術検討委員会
[熊本アートポリス参加作品／
土木学会デザイン賞 最優秀賞 (2002)]

Ayunose Bridge, Kumamoto, 1999
Client: Kumamoto Prefecture
Structural Engineer: Chuo Gijutsu Engineering Consultunts
Constructor: Joint Venture of Sumitomo Construction, Sato Kigyo
Use: Vehicle (with walkway)
Structure: Hybrid of Prestressed Concrete Cable stayed, Rigid-frame
Length: 390m/ Width: 8m

横浜ベイブリッジ（神奈川県横浜市）
事業主体：首都高速道路公団
構造設計：新日本技研、オリエンタルコンサルタンツ
施工：上部工／三菱重工業、日本鋼管等 JV
　　　下部工／鹿島建設、大成建設等 JV
用途：道路橋（高速道路＋一般道の 2 層）
構造形式：3 径間連続鋼トラス斜張橋
規模：長さ 860m ／幅 40.2m
[土木学会田中賞 (1989)]

Yokohama Bay Bridge, Yokohama, 1989
Client: Metropolitan Expressway Public Corporation
Structural Engineer: Shin Nippon Giken Engineering, Oriental Consultants
Constructor: Super/Joint Venture of Mitsubishi Heavy Industries, Nihon Kokan Sub/Joint Venture of Kajima, Taisei
Use: Vehicle
Structure: Three-span Continuous Steel Truss and Cable Stayed
Length: 860m/ Width: 40.2m

蓮根歩道橋（東京都板橋区）
事業主体：東京都、首都高速道路公団
構造設計・施工：酒井鉄工所
用途：歩道橋
構造形式：鋼箱桁立体ラーメン橋
規模：長さ Y 型部 58m ＋ 34.7m ＋ 31.95m ／幅 2.25m 〜 1.5m
[土木学会田中賞 (1977)]

Hasune Footbridge, Itabashi, 1977
Client: Tokyo Metropolitan Government, Metropolitan Expressway Public Corporation
Structural Engineer, Constructor: Sakai Iron Works
Use: Pedestrian
Structure: Steel Box-girder Space Rigid-frame
Length: 58m+34.7m+31.95m/ Width: 2.25-1.5m

辰巳の森歩道橋（東京都江東区）
事業主体：東京都、首都高速道路公団
構造設計・施工：楢崎造船
用途：歩道橋
構造形式：4 径間連続鋼箱桁ラーメン橋
規模：長さ 35m ／幅 3.2m

Tatsuminomori Footbridge, Koto, 1979
Client: Tokyo Metropolitan Government, Metropolitan Expressway Public Corporation
Structural Engineer, Constructor: Narasaki Zousen
Use: Pedestrian
Structure: Four-span Continuous Steel Box-girder Rigid-frame
Length: 35m/ Width: 3.2m

川崎ミューザデッキ（神奈川県川崎市）
事業主体：川崎市、都市基盤整備公団
構造設計：都市整備プランニング、
　　　　　大日本コンサルタント
照明デザイン：中島龍興照明デザイン研究所
施工：大成、岩倉、鋼管建設 JV
用途：歩道橋
構造形式：4 径間連続鋼箱桁ラーメン橋
規模：長さ 124m ／幅 7.5m

Kawasaki Muza Deck, Kawasaki, 2003
Client: City of Kawasaki, Urban Development Corporation
Structural Engineer: Urban Planning and Engineering Company, Nippon Engineering Consultants
Lightning Planner: Nakajima Tatsuoki Lighting Design Laboratory
Constructor: Joint Venture of Taisei, Iwakura, Kokan Kensetsu
Use: Pedestrian
Structure: Four-span Continuous Steel Box-girder Rigid-frame
Length: 124m/ Width: 7.5m

ベイウォーク汐入（神奈川県横須賀市）
事業主体：建設省
構造設計：東京建設コンサルタント
施工：住友重機械工業他
用途：歩道橋
構造形式：単弦フィーレンデール鋼箱桁橋
規模：長さ X 型部 62m+59m ／幅 5m
国道 16 号汐入交差点景観検討委員会

Baywalk Shioiri, Yokosuka, 1995
Client: Ministry of Construction
Structural Engineer: Tokyo Kensetsu Consultants
Constructor: Sumitomo Heavy Industries
Use: Pedestrian
Structure: Single-chord Vierendeel Steel Box-girder
Length: 62m+59m/ Width: 5m

はまみらいウォーク（神奈川県横浜市）

事業主体：横浜市
構造設計：大日本コンサルタント
照明デザイン：中島龍興照明デザイン研究所
施工：横河ブリッジ、坪井工業
用途：歩道橋
構造形式：2 径間連続鋼箱桁ラーメン橋
規模：長さ 96m ／幅 12.8m

Hamamirai Walk, Yokohama, 2009

Client: City of Yokohama
Structural Engineer: Nippon Engineering Consultants
Lightning Planner: Nakajima Tatsuoki Lighting Design Laboratory
Constructor: Yokogawa Bridge, Tsuboi
Use: Pedestrian
Structure: Two-span Continuous Steel Box-girder Rigid-frame
Length: 96m/ Width: 12.8m

千葉都市モノレール橋（千葉県千葉市）

事業主体：千葉県千葉都市モノレール建設事務所
構造設計：日本構造橋梁研究所
施工：上部工／三菱重工
　　　下部工／大林組、清水建設
用途：鉄道橋
構造形式：中路式 2 ヒンジアーチ橋
規模：長さ 104m ／アーチライズ 26.2m

Chiba Urban Monorail Elevated Bridge, Chiba, 1998

Client: Chiba Urban Monorail
Structural Engineer: Japan Bridge & Structure Institute
Constructor: Super/Mitsubishi Heavy Industies
Sub/Obayashi, Shimizu
Use: Railway
Structure: Half-throgh Style Two-hinged Arch
Length: 104m/ Archriseh: 26.2m

フランス橋（神奈川県横浜市）

事業主体：横浜市、首都高速道路公団
構造設計：首都高速道路公団
施工：中村組、宇野重工
用途：歩道橋
構造形式：5 径間連続鋼箱桁ラーメン橋
規模：長さ 221m ／幅 4m

France bridge, Yokohama, 1984

Client: City of Yokohama, Metropolitan Expressway Public Corporation
Structural Engineer: Metropolitan Expressway Public Corporation
Constructor: Nakamura Gumi, Uno Heavy Industry Company
Use: Pedestrian
Structure: Five-span Continuous Steel Box-girder Rigid-frame
Length: 221m/ Width: 4m

市場通り橋、前田橋、代官橋
（堀川筋 3 橋、神奈川県横浜市）

事業主体：横浜市、首都高速道路公団
〈市場通り橋〉
構造設計・施工：東綱橋梁
用途：歩道橋
構造形式：中路式鋼鈑桁橋
規模：長さ 30m ／幅 3.75m
〈前田橋〉
構造設計・施工：石川島播磨重工業
用途：車道橋（歩道付）
構造形式：中路式鋼箱桁橋
規模：長さ 30m ／幅 13.8m
〈代官橋〉
構造設計・施工：東綱橋梁
用途：車道橋（歩車併用）
構造形式：鋼鈑桁橋
規模：長さ 35m ／幅 4m

Ichibadori bridge / Maeda bridge / Daikan bridge, Yokohama, 1983

Client: City of Yokohama, Metropolitan Expressway Public Corporation

かつしかハープ橋（東京都葛飾区）

事業主体：首都高速道路公団
構造設計：新日本技研、大日本コンサルタント
施工：上部工／川崎重工業・桜田機械工業・
　　　東京鉄骨橋梁製作所 JV
　　　下部工／東急建設・白石 JV
用途：高速道路橋
構造形式：4 径間連続 S 字曲線鋼斜張橋
　　　（親子 2 塔型マルチケーブル 1 面張り）
規模：長さ 455m ／幅 23.5m
[土木学会田中賞 (1986)]

Katsushika Harp Bridge, Katsushika, 1986

Client: Metropolitan Expressway Public Corporation
Structural Engineer: Shin Nippon Giken Engineering, Nippon Engineering Consultants
Constructor: Super/Joint Venture of Kawasaki Heavy Industries, Sakurada Iron Works, Tokyo Steel Rib & Bridge Const.
Sub/Joint Venture of Tokyu Construction, Shiraishi
Use: Vihicle
Structure: Four-span Continuous S-curved Steel Cable Stayed
Length: 455m/ Width: 23.5m

小田原ブルーウェイブリッジ
（神奈川県小田原市）

事業主体：日本道路公団
構造設計：日本構造橋梁研究所
照明デザイン：中島龍興
施工：上部工／住友建設、鹿島建設
　　　下部工／白石、馬淵建設
用途：高速道路橋
構造形式：3 径間連続 PC エクストラドーズド箱桁橋
規模：長さ 270m ／幅 9.5m ～ 16.43m
西湘バイパス橋梁構造物に関する技術検討委員会
[土木学会田中賞 (1994) ／ FIP Special Mention 賞 (1998) ／照明学会照明普及賞 (1995)]

Odawara Blueway Bridge, Odawara, 1994

Client: Japan Highway Public Corporation
Structural Engineer: Japan Bridge & Structure Institute
Lightning Planner: Nakajima Tatsuoki
Constructor:Super/Sumitomo Construction, Kajima
Sub/Shiraishi, Mabuchi Construction
Use: Vihicle (highway)
Structure: Three-span Continuous Prestressed Concrete Extradosed Box-girder
Length: 270m/ Width: 9.5-16.43m

大杉橋（東京都江戸川区）

事業主体：江戸川区
構造設計：近代設計
照明デザイン：中島龍興
施工：上部工／横川ブリッジ
　　　下部工／中里建設
用途：道路橋（歩道付）
構造形式：2 径間連続鋼斜張橋
規模：長さ 119m ／幅 18.9m
アドバイザー：篠原修、三木千尋

Ohsugi Bridge, Edogawa, 1994

Client: Edogawa Ward
Structural Engineer: Kindai-Sekkei Consultant
Lightning Planner: Nakajima Tatsuoki
Constructor: Super/Yokogawa Bridge
Sub/Nakazato Construction
Use: Vehicle (with walkway)
Structure: Two-span Continuous Steel Cable Stayed
Length: 119m/ Width: 18.9m

鶴見橋（広島市）

事業主体：広島市
構造設計：八千代エンジニアリング
施工：三菱重工業、熊谷組他
用途：道路橋（歩道付き）
構造形式：3 径間連続非合成鈑桁橋＋鋼箱桁
規模：長さ 96.8m ／幅 30.3m(橋詰広場 50m×50m)
広島市都市美専門委員会
[都市景観大賞 (1991) ／土木学会デザイン賞入賞 (2001)]

Tsurumi Bridge, Hiroshima, 1990

Client: City of Hiroshima
Structural Engineer: Yachiyo Engineering
Constructor: Mitsubishi Heavy Industies, Kumagai Gumi
Use: Vehicle (with walkway)
Structure: Three-span Continuous Non-composite Steel Plate-girder, Steel Box-girder
Length: 96.8m/ Width: 30.3m

陣ヶ下高架橋（神奈川県横浜市）

事業主体：横浜市道路建設事業団
構造設計：パシフィックコンサルタンツ
施工：三井・千代田 JV、鹿島・イワキ JV
用途：道路橋（歩道付）
構造形式：PC 中空床版ラーメン橋
規模：長さ 237m ／幅 15m
環状 2 号線川島地区景観検討委員会
[土木学会田中賞 (2001) ／土木学会デザイン賞最優秀賞 (2003)]

Jingashita Viaduct, Yokohama, 2001

Client: Foundation of Yokohama City Douro Kensetsu Jigyoudan
Structural Engineer: Pacific Consultants
Constructor: Joint Venture of Mitsui Construction, Chiyoda Kensetsu, Kajima, Iwaki Kogyo
Use: Vehicle (with walkway)
Structure: Prestressed Concrete Hollow Slab Rigid-frame
Length: 237m/ Width: 15m

女神大橋（長崎県長崎市）

事業主体：国土交通省、長崎県
構造設計：日本構造橋梁研究所
施工：上部工／三菱・佐世保・大島 JV 他
　　　下部工／大日本土木、鹿島・清水・間 JV・大成・熊谷・大本 JV 他
用途：道路橋（歩道付）
構造形式：3 径間連続鋼斜張橋
規模：長さ 880m ／幅 22m
女神大橋技術検討委員会
[土木学会田中賞 (2005)]

Megami Bridge, Nagawsaki, 2005

Client: Ministry of Land, Infrastructure, Transport and Tourism, Nagasaki Prefecture
Structural Engineer: Japan Bridge & Structure Institute
Constructor: Super/Joint Venture of P.S. Mitsubishi Construction, Sasebo, Oshimagumi
Sub/Joint Venture of Dai Nippon Construction, Kajima, Shimizu, Hazama Taisei, Kumagai Gumi, Ohmoto Gumi
Use: Vehicle (with walkway)
Structure: Three-span Continuous Steel Cable Stayed
Length: 880m/ Width: 22m

本編で紹介した橋

東京都 / Tokyo

蓮根歩道橋 / Hasune Footbridge p.32
辰巳の森歩道橋 / Tatsuminomori Footbridge p.36
かつしかハープ橋 / Katsushika Harp Bridge p.80
大杉橋 / Ohsugi Bridge p.100

神奈川県 / Kanagawa

横浜ベイブリッジ / Yokohama Bay Bridge p.20
川崎ミューザデッキ / Kawasaki Muza Deck p.40
ベイウォーク汐入 / Baywalk Shioiri p.44
はまみらいウォーク / Hamamirai Walk p.52
フランス橋 / France Bridge p.64
市場通り橋、前田橋、代官橋 /
Ichibadori Bridge / Maeda Bridge / Daikan Bridge p.72
小田原ブルーウェイブリッジ /
Odawara Blueway Bridge p.88
陣ヶ下高架橋 / Jingashita Viaduct p.116

千葉県 / Chiba

千葉都市モノレール橋 /
Chiba Urban Monorail Elevated Bridge p.56

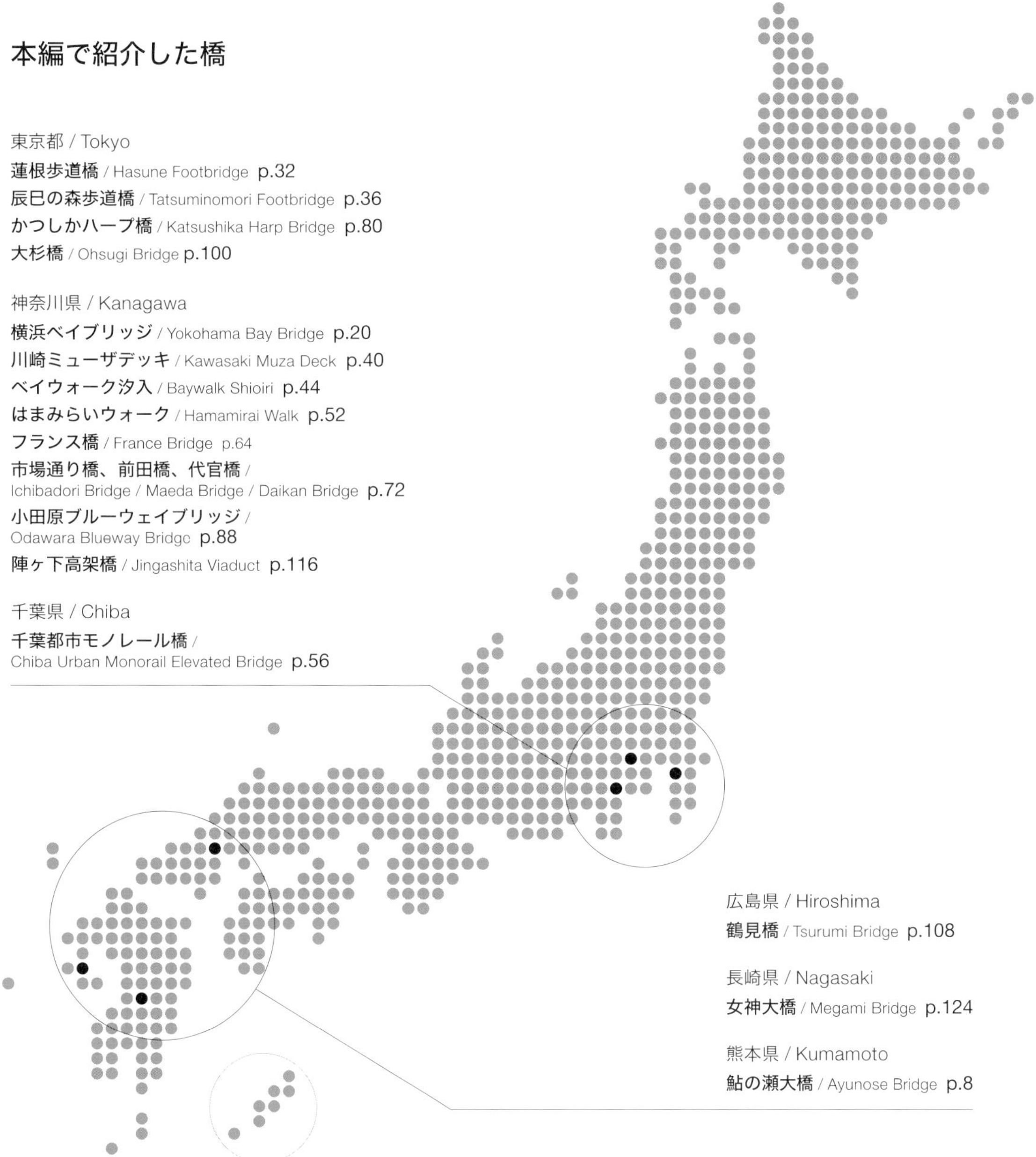

広島県 / Hiroshima

鶴見橋 / Tsurumi Bridge p.108

長崎県 / Nagasaki

女神大橋 / Megami Bridge p.124

熊本県 / Kumamoto

鮎の瀬大橋 / Ayunose Bridge p.8

エムアンドエムデザイン事務所が携わったおもな橋梁作品（2009 年 9 月現在）

本編で紹介した橋

高速道路橋（自動車専用道）					
設計初年（竣工年）	名称	所在地	構造形式	規模	受賞歴、その他
1978 (1982)	京浜運河橋（首都高速）	東京都	PC 箱桁橋	410m	
1980 (1986)	かつしかハープ橋	東京都	鋼斜張橋	455m	1986 土木学会田中賞
1980 (1989)	横浜ベイブリッジ	横浜市	鋼トラス斜張橋	860m	1989 土木学会田中賞
1982 (1986)	岡谷高架橋（中央自動車道）	長野県	PC ラーメン箱桁橋	1488m	1986 土木学会田中賞
1984 (1989)	別府明礬橋（九州横断自動車道）	大分県	RC 固定アーチ	411m	1989 土木学会田中賞
1984 (2002)	五色桜大橋（首都高速）	東京都	ダブルデッキ式ニールセンローゼ橋	146m	2002 土木学会田中賞
1988 (1997)	東京湾アクアライン	千葉県	鋼箱桁橋	4.4km	1996 土木学会田中賞
1988 (1998)	名港中央大橋（伊勢湾岸自動車道）	名古屋市	鋼斜張橋	1170m	1997 土木学会田中賞
1990 (1995)	湘南ベルブリッジ(新湘南バイパス)	神奈川県	鋼単弦ローゼアーチ橋	246m	
1990 (2001)	湾岸線（5 期）高架橋（首都高速）	横浜市	高架構造	14.6km	
1991 (2002)	川崎縦貫道路高架橋（首都高速）	川崎市	高架構造	4.2km	
1991 (1994)	小田原ブルーウェイブリッジ(西湘バイパス)	小田原市	PC エクストラドーズド橋	270m	1994 土木学会田中賞 FIP Special Mention 賞
1993 (2001)	都田川橋（第二東名）	静岡県	PC エクストラドーズド橋	268m	2000 土木学会田中賞
1994 (1998)	衝原橋（山陽自動車道）	神戸市	PC エクストラドーズド橋	323m	
1995 (2005)	富士川橋（第二東名）	静岡県	鋼＋コンクリート複合アーチ橋	381m	2004 土木学会田中賞
1995 (1998)	名古屋地区 高架橋（第二東名神）	愛知県	高架構造	22km	
1999 (2008)	亀山地区高架橋（第二名神）	三重県	高架構造	5.2km	
2001	さがみ川橋、海老名運動公園高架橋（さがみ縦貫道路）	神奈川県	鋼箱桁橋・PC 箱桁橋	565m・760m	
2007	横浜環状北線 生麦地区高架橋(首都高速)	横浜市	高架構造	1.2km	
道路橋					
1978 (1981)	西大橋・天神橋	福岡市	PC ホロースラブ橋	32m	
1982 (1983)	堀川筋 3 橋(前田橋・他)	横浜市	鋼箱桁・他	30m	
1983 (1990)	鶴見橋	広島市	鋼鈑桁＋鋼箱桁	96m	1991 都市景観大賞 2001 土木学会デザイン賞 優秀賞
1986 (1991)	北旭川大橋	旭川市	鋼単弦ローゼアーチ橋	345m	
1988 (1986)	荒川河口橋	東京都	鋼箱桁橋	840m	
1988 (1992)	上谷戸大橋	東京都	PC アーチ橋	165m	
1988 (1999)	みなみ野大橋	東京都	PC アーチ橋＋箱桁橋	170m	

設計初年（竣工年）	名称	所在地	構造形式	規模	受賞歴、その他
1989 (1999)	鮎の瀬大橋	熊本県	PC 斜張橋	390m	2002 土木学会デザイン賞 最優秀賞
1990 (1994)	大杉橋	東京都	鋼斜張橋	119m	
1990 (2001)	陣ヶ下高架橋	横浜市	PC ラーメン橋	237m	2001 土木学会田中賞 2003 土木学会デザイン賞 最優秀賞
1990 (2005)	美原大橋	北海道	PC 斜張橋	652m	
1990 (2002)	伊万里湾大橋	佐賀県	鋼ローゼアーチ橋	651m	
1992 (1998)	阿嘉橋	沖縄県	PC アーチ橋	530m	1998 土木学会田中賞
1992 (1996)	環状８号線　井荻立体跨線橋	東京都	鋼箱桁橋	165m	
1993 (2005)	女神大橋	長崎市	鋼斜張橋	880m	2005 土木学会田中賞
1994 (2003)	謙信公大橋（コンペ）	上越市	２連鋼単弦ローゼアーチ橋	241m	篠原修氏に協力 2004 土木学会田中賞
1995 (1998)	くすの栄橋	佐賀市	プレテン桁＋ PC 床版橋	32m	1999 都市景観大賞
1995 (2003)	新神楽橋	旭川市	鋼２弦アーチ橋	453m	
1997 (2002)	宍道湖大橋	松江市	鋼箱桁橋	310m	島根県「環境デザイングレードアップ事業」第１号
2002 (2009)	鷹島肥前大橋	長崎県	斜張橋	840m	
2003	豊洲大橋（橋上デザイン）	東京都	鋼箱桁橋	550m	
2007	各務原大橋（コンペ）	各務原市	PC 連続フィンバック橋	596m	大日本コンサルタントに協力
2007	日生大橋	岡山県	PC エクストラドーズド橋	730m	
歩道橋					
1976 (1977)	蓮根歩道橋	東京都	鋼箱桁ラーメン橋	123m	1977 土木学会田中賞
1977 (1979)	辰巳の森歩道橋	東京都	鋼箱桁ラーメン橋	35m	
1983 (1984)	フランス橋	横浜市	鋼箱桁ラーメン橋	221m	
1986 (1999)	南多摩地区歩道橋	東京都	コンクリート橋	４橋	
1990 (1995)	ベイウォーク（汐入歩道橋）	横須賀市	フィーレンデール橋	62m+ 59m	
1994 (1998)	八景島駅前歩道橋	横浜市	鋼斜張橋	240m	
1997 (2000)	栄町グリーンウォーク	横浜市	鋼管箱桁橋	80m	
2001 (2003)	ミューザデッキ	川崎市	鋼箱桁ラーメン橋	124m	
2007 (2009)	はまみらいウォーク（コンペ）	横浜市	鋼箱桁ラーメン橋	96m	大日本コンサルタントに協力
鉄道橋					
1992 (1996)	北陸新幹線屋代高架橋	長野県	ＰＣエクストラドーズド橋	696m	1996 土木学会田中賞
1992 (1998)	千葉都市モノレール橋	千葉市	中路式２ヒンジアーチ橋	104m	
1996 (2008)	JR 土讃線　鉄道高架橋	高知市	高架構造	4.1km	

1	2	3
4	5	6
7	8	9

1. 湾岸線（5期）高架橋（首都高速）／横浜市
2. 名港中央大橋 (伊勢湾岸自動車道) ／名古屋市
3. 川崎縦貫道路高架橋 (首都高速) ／川崎市
4. 衝原橋（山陽自動車道）／神戸市
5. 上谷戸大橋／東京都
6. 新神楽橋／旭川市
7. 宍道湖大橋／松江市
8. 栄町グリーンウォーク／横浜市
9. JR 土讃線　鉄道高架橋／高知市　（このページの写真、エムアンドエムデザイン事務所撮影）

あとがき

この本の出版を最初に打診されてからなんと5年程も、経過した。
慣れない本づくりにとまどう私たちを辛抱強くサポートし、リードしてくれた鹿島出版会の久保田昭子さんには、大変感謝している。
なんといっても藤塚さんの迫力ある写真がこの本の見せ場である。1枚1枚たんねんに見極め、シャープなレイアウトで美しくまとめたスワミヤさん、丁寧な本づくりも橋と同様に読む人に伝わるのではないだろうか。

このように1冊にまとめてみると、私たちは日本の橋づくりの大きく発展した時代に立ち会ったことと、同時にこれまで積み重ねられてきた日本の設計、施工技術のレベルの確かさを実感している。
今、若い人の土木離れが心配されているが、先輩の思いと技術をぜひ継承していただきたいものである。

大野 美代子

大野美代子（おおの・みよこ）
OHNO Miyoko

1963年、多摩美術大学 デザイン科 卒業。同年、松屋インテリアデザイン室 勤務。
1966年、ジェトロ海外デザイン留学生としてスイスのオットー・グラウス建築設計事務所に勤務、1968年、帰国。
1971年、エムアンドエムデザイン事務所を設立。家具デザイン、住宅、病院等のインテリアデザインを手掛ける。
1977年、初の橋梁デザイン、蓮根歩道橋で土木学会・田中賞を受賞。橋、トンネルなど、土木の仕事が中心となる。
愛知県立芸術大学、東京工業大学の非常勤講師を歴任。
土木学会会員、IABSEメンバー、日本インテリアデザイナー協会会員
共著に『橋梁デザインノート』（日本道路協会編）、『これからの歩道橋』（日本鋼構造協会編、技報堂出版）、『ペデ まちをつむぐ歩道橋デザイン』（土木学会編、鹿島出版会）

1963 Graduated from Tama Art University design department
1966 Worked for Swiss Otto Glaus architecture office
1971 Established M+M Design office dealing with the interior design such as furniture, house, and hospital
1977 Win The Tanaka Prize / Japan Society of Civil Engineers in first bridge design 〈Hasune Footbridge〉
After then, dealing with the design such as bridges.
Member of Japan Society of Civil Engineers, International Association for Bridge and Structural Engineering (IABSE)

Award for Civil Engineering Highest Design Prize in Ayunose Bridge (Kumamoto Pref. 2002)
Jingashita Viaduct (Yokohama City 2003)

主な受賞歴

[土木学会・デザイン賞]
横浜市・陣ヶ下高架橋（2003 最優秀賞）
熊本県・鮎の瀬大橋（2002 最優秀賞）
広島市・鶴見橋（2001 優秀賞）
[土木学会・田中賞] 長崎市・女神大橋（2005）
横浜市・陣ヶ下高架橋（2001）
名古屋港・中央大橋（1997）
長野県・北陸新幹線屋代橋梁（1996）
小田原ブルーウェイブリッジ（1994）
横浜ベイブリッジ（1989）
かつしかハープ橋（1986）
蓮根歩道橋（1977）
[都市景観大賞] 佐賀市・くすの栄橋（1999）
広島市・鶴見橋（1991）
[日本インテリアデザイナー協会賞]
一連の橋梁デザイン活動（1984）

エムアンドエムデザイン事務所メンバー

1970年代　池上和子＊
竹内きょう
三井緑
1980年代　岩瀬恵子
加藤晶子
大槻久美子
1990年代　佐々木美樹
辻川孝子＊
内田大
本田智子
松井典子
麻生礼子
河西志保＊
小林祥子
2000年代　斉藤佳＊　＊＝現メンバー

藤塚光政（ふじつか・みつまさ／写真家）
FUJITSUKA Mitsumasa

1939 年、東京・芝に生まれる。
1961 年、東京写真短期大学卒業。月刊「JAPAN INTERIOR DESIGN インテリア」入社、編集・写真を担当。1965 年、フリーになり建築・デザイン関係の撮影を手掛ける。
1987 年、「日本インテリアデザイナー協会賞」受賞。
1979 ～ 2006 年、月刊「室内」表紙を撮影。
著書に『どうなってるの？ 身近なテクノロジー』（新潮社）、主な共著に『詠み人知らずのデザイン』（文＝毛綱毅曠、TOTO 出版）、『意地の都市住宅』（文＝中原洋、ダイヤモンド社）、『現代の職人』（文＝石山修武、晶文社）、『建築リフル』シリーズ全 10 巻（文＝隈研吾、TOTO 出版）、『Play Structure』（文＝仙田満、柏書房）、『藤森照信特選美術館三昧』（文＝藤森照信、TOTO 出版）など。

BRIDGE（ブリッジ）風景をつくる橋
2009 年 9 月 30 日　発行

著　大野美代子、エムアンドエムデザイン事務所
写真　藤塚光政

発行者　鹿島光一
発行所　鹿島出版会
107-0052 東京都港区赤坂 6-2-8
電話　03-5574-8600
振替　00160-2-180883
http://www.kajima-publishing.co.jp/

装丁　スワデザインスタジオ
印刷　壮光舎印刷
製本　牧製本
ISBN 978-4-306-07270-1 C3052